全国气象部门优秀调研报告文集
2018

中国气象局政策法规司　编

图书在版编目(CIP)数据

全国气象部门优秀调研报告文集. 2018 / 中国气象局政策法规司编. --北京:气象出版社,2019.12

ISBN 978-7-5029-7092-5

Ⅰ. ①全… Ⅱ. ①中… Ⅲ. ①气象学—文集 Ⅳ. ①P4-53

中国版本图书馆 CIP 数据核字(2019)第 249678 号

Quanguo Qixiang Bumen Youxiu Diaoyan Baogao Wenji 2018

全国气象部门优秀调研报告文集 2018

中国气象局政策法规司 编

出版发行:气象出版社

地　　址:北京市海淀区中关村南大街 46 号　**邮政编码**:100081

电　　话:010-68407112(总编室)　010-68408042(发行部)

网　　址:http://www.qxcbs.com　**E-mail**:qxcbs@cma.gov.cn

责任编辑:黄海燕　**终　　审**:吴晓鹏

责任校对:王丽梅　**责任技编**:赵相宁

封面设计:易普锐创意

印　　刷:三河市君旺印务有限公司

开　　本:889 mm×1194 mm　1/16　**印　　张**:9.25

字　　数:288 千字

版　　次:2019 年 12 月第 1 版　**印　　次**:2019 年 12 月第 1 次印刷

定　　价:48.00 元

目　录

局校合作工作进展评估报告

蔡金玲[1] 何勇[2] 林巧[1] 刘蕊[1] 乐青[1] 董章杭[3]

(1.中国气象局人才交流中心;2.中国气象局科技与气候变化司;3.中国气象局人事司)

通过交流座谈以及问卷调查等方式,对31个省(区、市)气象局、8个国家级科研业务培训单位以及19所高等院校开展了调研。

一、局校合作工作进展

(一)统筹规划,建立局校合作机制

1.签订局校合作协议,战略层面推进局校合作

2002年以来,中国气象局分别与北京大学、清华大学、南京大学、南京信息工程大学(以下简称"南信大")、成都信息工程大学(以下简称"成信大")等22所高校签署了局校战略合作协议,合作领域主要涉及气候、信息技术、观测、防灾减灾、生态环境等领域。

2002年与12所高校签订的合作协议中均提出生态环境、气候与气候变化、防灾减灾等方面,同质化严重。2010年以后,局校合作领域逐步聚焦细化。

各省(区、市)气象局及直属单位也积极推进局校合作工作。近5年来,气象部门有31家司局级单位与高校签订合作协议96份,其中省局单位25家,局直属单位6家。天津市气象局与高校签署合作协议最多,达26份。从合作协议的合作领域上看,签订综合战略协议的比例最高,占38%;其次为天气领域(24%)以及人才培养(14%)、应用气象(12%)、综合观测(5%)和气象信息技术领域(5%)。

与中国气象局签署的协议相比,各省(区、市)气象局及直属单位签订的合作协议中合作内容更加具体,相当部分侧重于具体业务工作上的科研攻关。

2.陆续出台局校合作政策

2010年,中国气象局出台了《局校合作高校骨干教师赴中国气象局交流办法》(中气函〔2010〕30号)。2015年,中国气象局与教育部联合印发《教育部 中国气象局关于加强气象人才培养工作的指导意见》(教高〔2015〕2号)。

3.逐步完善局校合作沟通机制

中国气象局与各高校建立经常性的沟通机制,包括与北京大学、南京大学等14所高校均建立合作工作指导委员会,与中央财经大学成立"气象行业财经类教育培训合作工作联络小组"。与同济大学采取定期协商评估的管理模式,建立相关的学术委员会和专家评估小组。

2015年,中国气象局先后与华东师范大学、中国地质大学(武汉)等建立局校合作联席会议制度。

2015年,中国气象局与北京大学、清华大学、南信大等20所高校联合发起成立中国气象人才培养联盟。

(二)局校科技合作成效显著

1.共建科技合作平台

目前,中国气象局已建立了南京大气科学联合研究中心、上海气象科技联合研究中心,正在推进

广州、武汉、兰州联合研究中心建设。中国气象局还分别在南信大、成信大、同济大学、南京大学设立了气溶胶、大气探测、城市气候变化、气候预测4个部门重点实验室；与清华大学共建数值预报、地球系统模拟联合实验室，气象数据及信息技术应用联合工程中心；与南京大学共建天气雷达及资料应用、气候预测研究联合实验室；与成信大共建气象软件工程联合研究中心，为核心攻关任务提供科技合作平台。

近5年，全国气象部门有20个司局级单位分别与高校共建31个实验室(研究中心)，其中陕西省气象局共建数量最多，有5个；而合作高校中，与南信大合作共建数量最多，有6个。各省局单位与高校合作共建实验室(研究中心)主要集中在天气、应用气象与气象服务、气候等领域。

2. 加强科研项目合作研究

全国气象部门通过国家行业科研专项、中国气象局局校合作、各司局级单位局校合作等三个层次的合作方式与高校开展合作。

2007—2015年，相关高校主持的公益性行业(气象)科研专项项目共55项，研究领域主要集中在天气类，共23项，占比42%；应用气象与气象服务类和气候类分别占比18%和13%。

近5年来，全国气象部门司局级单位的局校合作科研项目共立项490项，平均每个单位18项。四川省气象局科研立项数量最多(43项)，其次是广东(34项)、天津(30项)。合作高校排名前十的(南信大、成信大、南京大学、清华大学、中山大学、北京师范大学、中国地质大学、北京大学、中国农业大学、天津大学)基本都是开设了大气科学类专业的院校。合作项目最多的高校是南信大(88项)，其次是成信大(47项)和南京大学(42项)。按合作领域进行划分，近5年来的合作科研项目超过一半为应用气象与气象服务类(51%)，天气类项目占27%。

局校合作的经费投入包括行业专项经费、中国气象局投入经费和合作项目经费。2007—2015年，相关高校主持的公益性行业(气象)科研专项55项，总经费达15747万元。2004—2015年，中国气象局投入局校合作经费3006万元，用以支持14个合作高校开展工作，主要用于高校教学与实习平台建设(61%)，其次为科技合作平台建设(29%)和教材建设(8%)。

近5年，各司局级单位与各高校合作投入项目经费高达49725万元。项目经费主要集中在50万元以下，共有328项，占比67%，1000万元以上的仅占1%。

3. 合作科研项目取得成果

中国气象局积极推进高校科技成果的登记发布，在中国气象局气象科技信息管理系统上搭建成果展示平台，促进成果在气象部门转化应用。

近5年，局校合作科研成果应用总数有137项。排名前十的单位是重庆(18项)、四川(12项)、河南(10项)、江苏(10项)、气象中心(8项)、安徽(7项)、广东(7项)、湖北(6项)、气候中心(6项)、天津(6项)。排名前十的单位其成果应用总数共有90项，占总数的66%。

局校合作科研成果应用的领域也主要集中在应用气象与气象服务领域和天气领域，分别有65项和32项，占到71%。

从局校合作科研成果应用程度上看，有13项科研成果得到业务应用并在全国或省内推广，仅占8%。在本地业务应用和为气象业务开展提供技术支持的成果分别占40%和35%。另外有8项科研成果在业务试运行，11项科研成果待转化。

近5年来，局校合作获得省部级以上奖励的科研项目共有58项，湖北省气象局数量最多，有8项；其次是甘肃(6项)、气候中心(5项)和天津(5项)。

按获奖项目的合作院校数量进行统计，南信大有18项，远超其他高校，占总数的31%，其余院校均在4项及以下。

科研项目的获奖领域比例与科研项目合作领域比例保持一致，应用气象与气象服务类项目占获奖总数的近一半，达45%；其次为天气类项目，占到15%。

(三)人才培养工作进展

1. 近5年各高校气象类招生就业情况

近5年来,18所高校招生人数基本保持稳定。全国气象部门近5年接收气象类毕业生,实际接收人数仅为需求人数的55%,本科和硕士研究生的需求与实际接收比例略高于1/2,博士的实际接收数量占需求数量的1/2。

2. 局校合作联合培养人才情况

近5年来,气象部门共有5个直属事业单位和31个省(区、市)气象局与80余所高校开展人才培养合作,培养1179人。联合培养主要以硕士研究生为主,有991人,占总体的84%。与高校联合培养人才数量最多的单位分别是国家气候中心(143人)、黑龙江省气象局(91人)、吉林省气象局(90人)。

与气象部门联合培养超过百人的高校为成信大、南信大、兰州大学。其中南信大和成信大占联合培养整体的47%。

3. 联合建设学生实践平台、实习基地,促进气象人才培养

中国气象局投入设备和资金支持南信大、成信大、北京大学、南京大学、中山大学、兰州大学等6所高校建立了天气预报会商实习平台。在南信大建设了C波段新一代多普勒天气雷达,在成信大、南京大学建设了高空探测、交通观测以及气象综合观测平台。同时,还支持浙江大学、云南大学等高校建设大气专业学生实习实践基地建设。

各直属单位、省局与高校合作共建实习基地125个。近5年新增实习基地73个。新增实习基地最多的单位有贵州省气象局10个,陕西省气象局9个,广东省气象局8个。

近5年来,共建实习基地共接待约7700人实习,超过1000人实习的单位有陕西和青海省气象局,超过500人实习的单位有江西、江苏省气象局。而湖南、辽宁、西藏、湖北四省(区)气象局的共建实习基地近5年的实习人数均不超过10人。

(四)局校合作人员交流情况

1. 气象部门聘用高校教师情况

近5年来,气象部门共有5个直属单位和23个省(区、市)气象局聘用38所高校的269名教师到气象局教学交流。气象部门聘用高校教师到气象局教学交流主要包括参与业务项目、授课以及担任学术委员会成员。其中,北京大学、清华大学、南信大等高校的8位专家加入国家气象科技创新工程三大攻关任务团队。

聘用高校教师人数最多的是四川省气象局,有111人,占总体聘用人数的42%,其次是河北、湖南、陕西。直属事业单位聘用高校教师教学交流人数不多,近5年共聘用18人到局直单位教学交流,占聘用总数的7%。

交流到气象部门人数最多的学校是成信大、南信大、河北农业大学。

2. 高校聘用气象部门专家情况

近5年来,共有65所院校聘请28家气象部门专家344人到高校进行授课、指导研究生开展业务科研工作。聘用气象部门专家人数最多的高校是成信大(76人),其次是南信大(62人)和东北农业大学(17人)。

交流到高校人数最多的是云南省气象局(50人),其次是四川(46人)、上海(29人)。直属事业单位气象专家到高校教学交流人数不多,近5年共有16人到高校教学交流,占总体交流人数的5%。

二、局校合作存在的问题

(一)局校合作机制上存在的问题

一是局校合作领域有待完善和具体。合作学科方向不够聚焦。中国气象局与各高校签署的合作协议皆为综合战略合作协议，且内容存在同质化现象。中国气象局各省（区、市）气象局及直属单位与各高校签署的合作协议领域有38%是综合战略协议，重点任务不够明确。二是局校合作的沟通机制有待进一步深入和完善。存在协调沟通次数有限、时效性不足、协调沟通不够深入、气象联盟作用发挥不足等问题，在保障沟通协调机制方面的规章制度建设亟须加强。三是局校合作效益评价机制尚未形成。在人才培养、学科建设、合作平台建设等局校合作方面，缺乏具体实施细则要求以及明确的发展目标及有效的评价约束，支持的科技项目、经费、人才培养难以追踪。

（二）局校科技合作方面存在的问题

一是科教合作平台支持气象现代化的效益没有充分发挥。合作任务不具体，合作目标不明确，在重点领域开展科技创新的主动性不强，科技平台支持气象科研业务发展的效益没有充分发挥。二是缺乏对科研经费的管理和科研项目的考核评价机制。未明确局校合作经费预算、重点工作任务以及预期目标、经费执行进度。对于科研项目研究进展和结果缺乏考核评价机制，导致科研成果转化率不高。

（三）人才培养方面存在的问题

一是气象类人才培养的数量满足不了气象部门的需求。各高校培养的气象类专业人才远远达不到气象部门的需求，每年的气象类专业毕业生的招聘需求计划只完成1/2，尤其是博士研究生层次的毕业生不到需求计划的1/2。二是高校毕业生进入气象部门后适应周期较长。近年来，进入到气象部门的毕业生仍需较长时间的业务培训方可上岗。高校培养的气象类专业毕业生同气象部门的业务需求仍有一定差距。

（四）局校合作交流上存在的问题

一是局校合作交流方式单一。在高校与气象部门人才合作交流方面，主要是气象部门聘用高校教师到气象局参与项目研究、授课以及担任学术委员会成员。而高校聘用气象部门专家到高校主要是做研究生导师客座授课，形式比较单一，且交流不够深入。二是局校交流合作不平衡。高校聘用的气象部门专家的人数比例高出气象部门聘请高校教师的28%，气象部门尚未将高校教师的科研能力转化到业务指导中去。

三、推进局校合作工作的建议

（一）完善合作机制，建立考核机制，定期进行回顾总结

完善合作顶层设计，建立局校合作座谈会、联席会议、联络员工作会议等定期交流机制。明确具体的沟通方式、主要内容及沟通频率。制订科研项目经费使用以及科研进度的考核评价机制，对双方的沟通情况进行定期的回顾和沟通。

（二）加大科研合作力度，推动科研成果转化效率

推动气象部门与高校互相承认科技成果认定结果，通过共建成果转化中试基地，完善科技成果转化的配套条件，鼓励部分通过中试的高校成果进入气象部门进行实验性的应用。明确和加强成果转化收益分配制度。开展局校合作申报国家级、省部级等各类科技奖励，支持高校申报气象科技成果奖。

（三）明确人才培养方向，加快气象人才队伍建设

通过联合建设专业学位研究生培养基地，共建硕士、博士联合培养点和博士后工作站等方式，吸引、聚集和定制化培养气象部门急需的专业人才。支持高校有针对性地扩大人才培养规模，完善人才定向

培养机制。支持高校为气象部门在职人员开展学历教育或专业学位教育，开展联合办学、短期专题培训等多种形式的业务培训。组织开展相关高校教师赴气象部门专题培训、挂职交流，组织气象骨干预报员赴高校开展客座交流等，以多种方式支持高校教师参与气象科技研发。

（四）丰富局校交流方式，形成多层次互动

大力推进气象人才培养联盟建设，建立产学研协同培养气象人才的体制机制。发挥大气科学类专业教学指导委员会、全国气象职业教育教学指导委员会的作用。支持共同发起国际合作研究计划，共同承担国际科技合作重大任务，共同举办国际学术会议及专题讲习班。

（五）提高局校合作重视程度，开展多种途径的宣传

加强宣传力度，提高对局校合作工作的重视程度。推进气象科普宣传活动进校园。同时，支持高校建设气象科普教育基地，加强气象科普设施建设。

我国中部地区气象部门防雷技术服务发展调研报告

刘家清　邹用昌　汤宇　苏瑶　王道平

（湖南省气象局）

我国中部地区包括山西、安徽、江西、河南、湖北、湖南六省。中部地区在防雷减灾工作领域有较多的共性，本报告对我国中部地区气象部门防雷技术服务方面反映出的问题和建议进行了梳理分析。

一、调查问卷和调查表情况

本次共获取中部地区调查问卷569份，其中省级6份，市级84份，县级479份；共获取调查表417份，其中省级6份，市级84份，县级327份。调查问卷中反馈防雷技术服务方面存在问题的共239份，其中省级问题反馈6份，市级问题反馈51份，县级问题反馈182份；建议共反馈105份，其中省级建议反馈6份，市级建议反馈25份，县级建议反馈74份。

二、防雷技术服务情况

（一）防雷技术服务总体情况

1. 实际开展的防雷技术服务种类

防雷装置定期检测（20.2%）、防雷装置跟踪检测（12.7%）、雷电灾害防御相关标准宣贯（12.7%）、雷电灾害预警（12.1%）、调查与鉴定（11.8%）和防雷工程设计与施工（10.8%）。防雷装置定期检测是最主要的防雷技术服务种类，产品测试（1.2%）和雷击风险评估（4.2%）只有极少数单位在接受委托的情形下开展，雷电灾害防御新技术研发（4.2%）开展得很不够。

2. 防雷技术服务机构

防雷技术服务机构有局属事业单位和企业两种形式，占比分别为55.8%和44.2%。

3. 防雷技术服务方式

主要是协商后开展服务（35.5%）和主动服务（35.2%），占比超过70%，其次是依申请服务（26.2%），其他方式开展服务极少（3.2%）。

4. 防雷技术服务经费来源

主要来源是市场竞争，占比近69.8%，而政府购买（13.7%）、财政预算保证（10.4%）、政府项目经费保证（3.3%）、其他部门委托付费（2.8%）都较少。

5. 与其他部门合作情况

最主要的合作部门为安监（45%），其次是住建（18.1%）和教育（10.5%），与电力、通信、交通、公安、文物、发改、旅游等其他部门合作较少。合作形式主要是以开展联合检查为主，其次分别是联合下发文件、形成会议纪要等。

6. 地方出台相关政策法规性文件情况

近70%地方政府出台了相关政策法规性文件。

7. 全国防雷减灾综合管理服务平台应用情况

仅有17.4%的单位进行了数据录入。针对管理平台的建议反馈有56份，主要集中在三个方面：一是优化完善管理功能，增强可操作性和实用性；二是加大平台的学习培训力度；三是建议制定全国统一的防雷安全监管实施细则。

8. 防雷监管标准体系实施的建议

共收到105份建议，主要集中在三个方面：一是进一步丰富防雷监管标准；二是加强监管标准体系的培训；三是建议在监管机构和人员方面进行规范管理，解决混岗现象，实现政事企分开。

（二）防雷技术服务收入情况

1. 防雷技术服务总收入

整体呈现下降态势。将2017年和2016年进行对比，省级防雷技术服务收入降幅最小，为3%；市级防雷技术服务收入降幅最大，为25%，县级防雷技术服务收入降幅约为22%。防雷技术服务面临着较强的竞争压力和转型压力。

以湖南为例，自2009年《湖南省气象灾害防御条例》实施后，防雷技术服务全面展开，进入了发展快速期，2011—2014年收入呈现跨越式增长，2014年到达顶峰。2015年，《国务院办公厅关于清理规范国务院部门行政审批中介服务的通知》印发，防雷技术服务收入出现断崖式下跌，2016—2018年趋于平稳。

2. 各项防雷技术服务收入占比

2016年，防雷技术服务收入主要以定期检测、跟踪检测和防雷工程为主，呈现"三足鼎立"之势，2017年则变为定期检测一枝独秀，占比增长明显，接近一半，防雷工程紧随其后，最明显的变化是跟踪检测占比大幅下降，特别是省级从2016年的占比33%下降到2017年的2%，技术评价和雷击风险评估基本实现了零收费。

3. 防雷定期检测

防雷定期检测成为防雷技术服务的支柱。尽管防雷技术服务总收入处于下滑态势，定期检测收入仍然保持了上升势头，省级和县级上升趋势明显，市级基本持平。定期检测在防雷技术服务收入占比上有了较强的提升，省级占比从35%上涨到49%，市级占比从34%上涨到45%，县级占比从20%上涨到31%。

4. 防雷跟踪检测

防雷跟踪检测收入下滑趋势明显。应国家行政审批制度改革要求，与行政审批直接相关的防雷跟踪检测和防雷装置设计技术评价直接转化为受理后技术服务，按照"谁委托、谁付费"的原则，由审批部门直接向技术服务单位付费，在气象部门普遍缺乏经费预算的情况下，防雷跟踪检测一般由下属防雷技术服务单位无偿开展，甚至部分省级气象部门2017年防雷跟踪检测技术服务"零收费"，少数单位接受了住建等部门的委托开展了跟踪检测服务。

5. 防雷工程设计与施工

防雷工程设计与施工服务收入虽有所下降，但是在防雷技术服务总收入中仍然占有一席之地，占比约25%。经过调研得知，尽管防雷工程专业设计与施工资质被取消，但是市场上对其需求仍然存在，特别是在易燃易爆、危化品企业或场所、文物保护等领域，在招投标时仍会选择有专业从事防雷工程设计与施工经验的企业，也使该部分技术服务得到一定程度的维持。

6. 政府购买受理后防雷技术服务和财政预算保障

各市县实现政府购买防雷技术服务和争取财政预算保障的单位在逐年增多，但是比例依然偏低，政府购买防雷技术服务和财政预算保障费用也较低。

本次防雷技术服务收入调查表所涉及的项目中，雷电灾害分析调查与鉴定、雷电灾害预警、雷电灾害防御新技术开发推广与应用、雷电灾害防御相关标准宣贯这四个项目在省、市、县三级防雷技术服务中基本作为公共气象服务项目，只有个别单位有少量的专业专项雷电灾害预警收入。防雷产品测试早已取消收费，在收集的调查表中没有这部分收入情况。

(三)防雷技术服务存在的主要问题

省、市、县三级气象部门防雷技术服务存在的问题主要表现在六个方面:技术能力弱、服务市场混乱、技术人员少、技术服务机构定位不清晰、政策落实不到位、社会防雷意识弱。省级反映最为严重的问题是服务市场混乱(38%),其次是政策落实不到位(25%),技术能力弱、技术服务机构定位不清晰和社会防雷意识弱占比相当(12%~13%),技术人员少的问题没有出现。市级反映最为严重的问题是政策落实不到位(31%),其次是服务市场混乱和技术能力弱(各 19%),技术人员少(16%),技术服务机构定位不清晰和社会防雷意识弱占比较小(小于 10%)。县级反映最为严重的问题是政策落实不到位(27%)和技术人员少(26%),其次是技术能力弱(19%),服务市场混乱和技术服务机构定位不清晰占比相当(分别为 11%和 13%),社会防雷意识弱占比最小(4%)。

三、存在的主要问题及分析

(一)防雷技术服务能力弱

在省级层面,防雷技术能力弱主要是指技术服务针对性、综合性不强,科技含量不高,难以满足社会精细化、专业化的服务需求。在市、县级层面,主要表现在:一是甲级防雷检测资质难以获得,无法对所辖行政区域易燃易爆、危化品场所等开展防雷检测技术服务;二是专业知识学习不足、技术交流不够、知识更新不及时,导致防雷技术服务大多数局限在检测和工程,对于监测预警、雷击风险评估等技术服务无法开展。这个问题既反映出省级与市、县级技术服务能力的差别,也反映出省级与市、县级防雷技术服务机构对防雷检测服务的依赖程度不同。

(二)防雷技术服务市场混乱

主要表现为防雷市场恶性竞争、随意压价、中介服务机构资质挂靠(出租)、技术服务不到位甚至出具虚假报告等行为。这反映出气象部门两个深层次问题:一是气象部门下属防雷技术服务机构参与市场竞争的意识还需加强,目前尚未适应残酷的竞争环境;二是气象部门政事企不分的情况仍需改进。

(三)技术人员少

省级主要表现在两个方面:一是缺乏专业开展雷电预警、雷电科研的专业性技术人员;二是缺乏能够开拓服务市场的专业技术人员。

市、县级主要表现在两个方面:一是专业技术人员流失;二是防雷专业技术职称难以获得。

(四)技术服务机构定位不清晰

在省级层面,雷电灾害防御技术支撑机构是事业单位,防雷技术服务机构大多数以企业为载体,这两个机构都从事防雷技术服务,在人、财、物方面有着许多关联,带来了国有资产保值增值、在编职工流向以及企业管理运行模式等问题。在市级层面,防雷技术支撑功能与营利功能在某些程度上仍由同一主体开展,一方面转为受理后的技术服务大部分由气象部门下属单位无偿开展,增加了机构运行成本;另一方面部分防雷中心为地方机构,防雷中心的改革发展现状与地方政府的事业单位改革要求还存在差距,改革压力较大。在县级层面,大部分气象局没有专门的防雷技术服务机构,作为市级技术服务机构的分支机构开展技术服务。

(五)政策落实不到位

主要体现在两个方面:一是审批过程中委托开展的防雷技术服务多数地区还没有做到政府购买,即使少数地区做到了，但经费偏少；二是雷电灾害风险区划、雷电灾害调查鉴定、雷电预警等公益性服务多数地区还没有做到政府购买。部分地区政府将气象部门的预算经费进行“整体打包”，不予“戴帽”，涵盖所有项目，表面上都纳入了预算，实质上没有。

（六）社会防雷意识弱

主要体现在社会防雷安全宣传力度不够，社会力量参与度不高，社会对防雷安全认知度不高，主动接受防雷技术服务的不多。主要有以下几个方面原因：一是防雷工程专业设计与施工的认知程度较低；二是部分群众对防雷安全抱有侥幸心理，存在麻痹思想；三是防雷技术服务的重要性尚未得到充分重视。除易燃易爆危化品场所等传统安全生产重点单位之外，其他单位接受技术服务的意愿较低，只求“过得去”，而不追求服务质量。这也直接导致社会资本参与防雷技术服务市场、拓展市场、参与竞争的意愿不强。部分防雷检测企业低价无序竞争、降低服务质量等扰乱市场的行为，更是进一步降低了技术服务对象的认可度。

四、发展防雷技术服务的思考和建议

（一）深入推动气象服务供给侧改革，实现防雷技术服务向综合防灾减灾气象服务的转变

一是以需求为导向，拓展防雷技术服务领域。与社会需求对标接轨，主动发现市场需求。二是提高防雷技术服务的综合水平。从单一的防雷检测服务转变为以防范风险为关键的全过程、链条化综合服务，以综合性服务提升防雷技术服务的附加值。三是加大政府购买公共气象服务力度。将雷电灾害预警、学校等人员密集场所的公益性防雷检测、雷电灾害防御规划等涉及的技术服务通过政府购买服务方式解决。

（二）依法依规加强防雷安全监管

建立防雷安全责任体系。明确和落实防雷工程质量安全方面的主体责任。厘清与住建等各专业部门的许可范围，消除职责交叉和监管空白。积极履行雷电灾害防御组织管理职责，推动地方各级政府依法履行防雷监管职责，落实雷电灾害防御责任，将防雷安全工作纳入安全生产责任制和地方政府考核评价指标体系。

全面推进“双随机、一公开”抽查机制，扎实开展防雷安全监管专项行动，强化易燃易爆危化品等场所防雷安全检查。建立协同监管和信息共享机制。推动“互联网＋监管”方式，进一步创新监管手段，充分利用好全国防雷减灾综合服务平台。加大对防雷检测资质单位的事中事后监管。全面贯彻执行防雷安全监管系列标准。建立防雷检测市场信用评价机制。

在机构设置、人员配备等方面，健全市、县两级法制机构和执法机构，提高防雷安全执法能力和水平。加强与财政部门的沟通协调，明确中央与地方事权划分和支出责任，防雷安全监管属地化服务性质明显，防雷安全监管工作经费以及受理后技术服务委托经费等由各级地方财政予以保障。

（三）加强防雷领域科学研究和人才培养，提升防雷技术服务科技支撑能力

积极开展雷电监测技术、致灾机理和防护技术等的试验和研究，加大防雷科技成果的转化应用。建立健全科技创新激励机制，开展防雷减灾技术研究和服务产品研发。优化业务岗位设置和职责配置，增加设置研究型岗位。充分发挥科研项目资金的激励引导作用。逐步建立起专业技术人员培养体系，并做好技术人员培训。

(四)积极探索防雷工作分类发展模式

一是结合各地地方财政保障情况推进。部分财政保障到位的气象部门,鼓励其侧重加强防雷安全监管,逐步将防雷工程、防雷检测等科技含量低的技术服务交给其他市场主体,转型发展科研型、专业型、综合型技术附加值高的防雷技术服务;对于地方财政保障不足的气象部门,在开展防雷安全监管的同时,鼓励其继续依法依规开展防雷技术服务。

二是结合技术力量情况推进。对于技术服务人才多、服务能力强的省级防雷技术服务机构,以科研型、专业性技术服务为主要发展方向;对于技术服务人员相对略少、能力略弱的市级防雷技术服务机构,着力做好针对性强的专业技术服务;对于技术服务人员少、能力差的县级防雷技术服务机构,定位为防雷安全监管的技术支撑,侧重做好雷电灾害调查与鉴定、雷电灾害防御标准宣贯、防雷知识宣传等基础性服务工作。

湖北省基层气象部门转型发展调研报告

彭军　张劭魁　张鸿雁　何志学　童哲堂　张业际

（湖北省气象局）

一、基层县级气象局发展现状

（一）观测自动化推进情况

2017 年，湖北省气象局启动了国家级地面气象观测站无人值守试点专项工作，至 2017 年年底，共有 11 个国家级地面气象观测站实现了无人值守。2018 年 4 月，省局制定了《2018 年湖北省国家级地面气象观测站无人值守工作方案》（鄂气办函〔2018〕13 号），全面推进无人值守观测。调研了解到，荆门所属县局在湖北省率先推进地面气象观测自动化试点工作，完成了试点任务。黄冈所属县局按照省局批复方案，除麻城外，均完成了相关建设任务。

存在的主要问题：一是地面观测无人值守开展以后，基层观测业务人员岗位职责逐步转向预报预警服务和技术保障工作，业务人员的能力素质还达不到综合业务的要求；二是部分观测设备的稳定性还有待加强。

（二）气象预报预警服务开展情况

一是强化业务规范化管理。近几年先后下发了预报预警、决策服务、预警信息发布等方面的管理和制度文件。二是开展气象预报服务一体化业务平台建设，2018 年 11 月开始在基层台站业务试运行。三是加强基层气象台站预警服务标准化建设。

目前基层台站开展的气象服务主要包括决策气象服务、公众气象服务、气象为农服务、人工影响天气服务、重大活动的气象保障服务。部分县级气象局围绕地方需求开展了生态文明气象保障服务，如神农架林区和英山县成为首批“中国天然氧吧”，利川市被评为“凉爽之城”。调研了解到，地方政府对当地气候资源的开发利用越来越重视和感兴趣。还包括面向农业、交通、林业、流域水文、水电水库、电力、地质、环境、旅游、保险、海事（航运）、新能源、安检和核能等 10 多个专业领域开展专业气象服务，社会效益明显，部分县局还有少量的经济收益。

基层气象台站预测预报预警的能力和水平进一步提升，气象部门服务地方经济社会发展和百姓安全福祉发挥了重要作用。

存在的主要问题：一是县级气象服务能力与气象服务需求不相适应；二是县级气象服务产品和服务手段往往局限于常规服务方式，利用信息化的成果不够，智慧气象服务水平有待进一步提高；三是在地方生态文明建设、环境保护、乡村振兴等方面开展的气象服务大多是被动地参与，主动思考和融入不够，相应技术支撑能力和专业人才显得不足，有效服务供给不够；四是县级业务人员编制与其承担的职责任务不匹配，职责任务重，人员紧张。县局气象台和气象服务中心编制一般情况下为 4～5 人，承担着综合气象观测、气象信息与技术保障、气象预报预警、公众气象服务、决策气象服务、专业专项气象服务等任务，在汛期、应急期间，以及非汛期在重大关键性、转折性、灾害性天气过程中，还要求 24 小时值班，工作任务重。

(三)放管服改革情况

一是在行政审批改革方面,优化了行政审批流程,规范了行政审批行为,改审批受理前收费开展技术服务变为受理后委托有资质的机构开展技术服务,不收取申请人任何费用。取消了一批行政许可项目。二是在事中事后监管方面,将气象部门职责范围内的防雷、施放气球安全监管纳入当地“双随机一公开”监管机制,与安监等部门建立联合监管制度。开展了防雷、气球监管年活动,建立防雷重点单位名录库,开展防雷专项治理,落实监管责任。三是在优化服务方面,以“互联网+政务服务”为抓手加强行政审批服务改革,融入当地“一张网”建设,优化政务服务。

存在的主要问题:一是依法履行社会管理职能,加强安全监管的意识还有待提高。防雷体制改革后,对社会管理的职能职责范畴、职能定位还不能完全适应,定位不准,主动管理的能动性不足。二是依法履行社会管理职能的能力和水平不高。县局没有专门执法机构和执法队伍,基层从事社会管理人员多为兼职人员,系统学习气象法律法规专业知识不够,且执法人员少,有的还达不到执法不得少于 2 人的要求。原有防雷检测资质取消,也制约了基层履行防雷公益检测的职责。三是依法履行社会管理职能的保障能力不足。县级气象局按照统一要求已完成车改,取消了机关公务用车,取消车辆均委托地方拍卖处置。同时,地方在明确保留执法执勤用车的部门中不包括气象部门,因此执法用车无法得到保障。同时执法经费预算也不足。四是行政审批效率不高。地方行政服务中心要求开设审批窗口,像浠水县气象局还在两个行政服务中心(其中一个为开发区)开设窗口,但实际上办件少,有名无实。荆门所属县局反映,在线审批平台存在重复申报的问题,市场主体在地方的审批平台在线申报后,还需在气象部门平台上进行第二次申报,增加了工作量。五是行业安全监管难度大。随着防雷技术服务市场放开,部分企业通过挂靠资质参与防雷检测,能力水平参差不齐,且不主动备案,行业安全监管难度增大,给防雷安全带来隐患。

(四)人才队伍情况

截至 2017 年 12 月 31 日,湖北省国家气象系统县级气象编制(含武汉市所属区局、省直管市(区)局)在职职工 595 人(其中参公人员 269 人,事业人员 326 人),占全省在职职工总数(1786 人)的比例为 33%。地方编制职工 131 人,编外人员 204 人。截至 2017 年年底,县级气象局本科以上人员比例达到 64%,具备中级专业技术资格人员达到 56%,其中具备副研级专业技术资格人员 45 人,较上年增加 18 人。

存在的主要问题:一是县局领导班子建设还需进一步加强。部分县局党组领导班子不健全,后备干部不足。二是县局空编较多。2017 年年底,全省县市(区)气象局共空编 84 人,其中公务员空编 45 人,事业单位空编 39 人。三是县局新进毕业生流失现象严重。例如,荆门所属县气象局 2008—2018 年共进毕业生 22 人,在县级气象局工作年限超过 5 年的只有 8 人。据人事处对 2017 年人力资源分析,17 个市(州)、直管市(区)局接收 576 名毕业生,仍在本市气象部门的为 347 人,稳定度约 60%。四是县局高层次人才缺乏。县局高级职称人员虽然有所增加,但总量仍然不足。

(五)基础设施建设情况

近年来,通过借助台站基础设施改善、中部专项等项目投入,注重基层台站建设规划,加大了基层气象台站基础设施建设力度,台站面貌和工作环境得到明显改善。截至 2018 年,湖北省有 55 个县级气象台站(含 4 个直管市(区)气象局)基础设施建设达到一流台站建设要求,占湖北省县级基层气象台站的 77%。

存在的主要问题:一是部分台站由于受各种条件限制,基础设施建设还比较落后。二是部分县(市)局闲置房屋资产的管理和利用需要引起重视,推进观测无人值守后,局站分离的台站业务用房的管理和维护需要加强。

（六）双重计划财务落实情况

存在的主要问题：一是资金缺口普遍存在。县级气象局资金缺口的压力普遍存在，资金缺口部分主要是住房公积金、医疗保险以及地方出台的改革性津贴和奖励性津贴，同时各地对精准扶贫的要求也需资金投入。二是地方政府对气象部门的支持力度不平衡。三是经费渠道不稳定。究其原因：一方面，地方财政未将气象部门所需人员经费列入地方财政常规基本支出预算，大部分单位所需的人员经费以临时追加或专项经费下达，存在预算政策和变动风险；另一方面，县级气象局为参公单位，与其所属的事业单位为同一预算单位，从事有偿气象服务有政策风险，导致气象事权支出资金预算渠道来源不稳定。

二、思考与建议

（一）坚定理念，把握公共气象发展方向

气象部门是公益性的事业单位，负责基本公共气象服务的供给。县级气象部门是业务服务的基础和一线，是气象防灾减灾的主战场。因此，基层气象部门要进一步强化公益属性，将重心聚集到公益服务，补齐公共气象服务短板，满足人民群众日益增长的美好生活上来，以优质的气象服务不断带给人民群众获得感。不断深化气象服务供给侧改革，着力构建以用户为中心的气象服务供给体系，发展“智慧气象”，扩大气象服务有效供给。要充分认识到气象综合防灾减灾是基层气象工作的重中之重，充分发挥气象部门在防灾减灾中的监测预报先导作用、预警发布枢纽作用、风险管理支撑作用、应急救援保障作用。

（二）转变方式，推进基层气象业务服务集约发展

加强对基层气象台站的业务指导和技术支撑，把握统筹集约的发展方式，加强气象业务和服务整体统筹设计，建立相互衔接、融会贯通的业务流程，合理调整业务布局，减少业务交叉，提高基层服务地方防灾减灾的能力和水平。强化气象服务集约发展，着力解决服务规模“小、低、散”的问题，以信息化发展为抓手，继续强化预报服务一体化业务平台的应用。坚持公共气象发展方向，推进专业气象服务集约发展，实现业务集约、资源集约、人才集约。

（三）转变观念，积极适应国家放管服改革要求

基层气象部门适应简政放权、放管结合、优化服务的改革要求，需要进一步提高认识，转变观念，积极落实审批制度改革。进一步理清县级气象局社会管理职责，建立职责清单，明确职能定位。健全以“双随机、一公开”监管为基本手段，以重点监管为补充，以信用监管为基础的新型监管机制。积极融入与安监、旅游、建设等部门联合监管的工作机制。以“互联网＋政务服务”为抓手，加快行政审批服务改革，积极融入当地“一张网”建设，强化服务意识，创新服务方式。积极探索推进市、县两级气象部门执法力量的集约，加强执法队伍建设，统一组织开展联合执法，以解决县局执法人员不足的问题。积极争取气象行政执法用车纳入当地执法用车保障范围。推进市、县行政执法信息一体化建设，建立防雷技术服务单位诚信体系，加强信息共享互通。

（四）紧贴需求，坚持融入式发展

基层气象部门要找准气象部门定位，主动融入地方防灾减灾、生态文明建设、乡村振兴战略等发展需求，对焦需求，主动思考、主动融入、主动作为、主动服务，发挥气象的基础保障作用。以贯彻落实《湖北省气候资源保护与利用条例》为契机，积极融入当地城乡规划编制，为当地气候资源的保护和利用提供决策参考。主动加强与环保、林业、水利、国土、旅游、应急等部门的合作，为大气污染防治、防灾减灾、

气候资源开发利用等提供气象服务。

(五)抢抓机遇,推进基层人工影响天气工作有序发展

完善人工影响天气机构设置,加强队伍建设,以及人工影响天气业务能力建设,推动人工影响天气工作再上新台阶,更有力服务经济社会发展。

(六)规划引领,努力提升新时代县级气象现代化发展保障能力

一是做好新时代县级气象现代化发展规划。坚持把气象现代化作为事业发展总抓手,做好顶层设计,强化规划引领,科学制定县级气象现代化考核评估体系,引导基层气象部门坚持问题导向,加快解决县级气象台站发展不适应、不平衡、不协调的问题,努力提升气象现代化保障能力建设。

二是强化新时代县级气象现代化人才保障。做好基层气象人才发展规划,制定完善基层人才队伍建设的意见,努力建设一支适应新时代基层气象事业发展要求的人才队伍。要加强领导干部队伍建设,配齐配强县局领导班子,提升领导干部谋划事业发展的领导能力,加大优秀年轻干部选拔任用力度。加大基层人才引进力度,努力解决基层缺编问题,提高基层台站人员整体素质。加强岗位培训,提高业务人员综合业务能力。进一步明确业务岗位职责和定位,建立健全综合业务岗位考核与激励机制,激发业务人员的工作积极性。

三是强化新时代县级气象现代化发展资金保障。持续稳定的投入保障长效机制事关气象事业发展稳定大局,县级气象局要坚持公共气象发展方向,积极争取地方政府支持,省、市两级要加大对基层的指导和支持力度,为基层争取支持积极营造良好的政策环境和人文环境,同时要积极拓展专业气象服务领域,多措并举,为新时代气象事业发展提供财政保障。

四是强化新时代县级气象现代化发展党建保障。坚持党的全面领导,坚持党建引领,加强党对气象现代化工作的全面领导,彰显政治统领,提升政治站位,将政治建设与气象现代化工作有机融合,健全制度机制,严格责任落实,营造风清气正的发展氛围。

青年气象科技人才发展的若干问题研究报告

张显真　石雪峰　翁海卿　刘治国　谭浩波　温敏　袁薇

（中国气象局党校 第15期气象部门中青年干部培训班专题研究小组）

一、调研开展情况

以45周岁以下气象科研、业务岗位人员为研究对象，在全国各级气象部门范围内发放并收回了2662份有效调查问卷，受访者样本与整个气象部门青年职工的学历、职称、结构相近，具有较好的代表性。在重庆、四川等地召开了座谈会，并与20余人进行了个别访问。

二、青年气象科技人才队伍现状

（一）气象部门人才总体情况

据中国气象局人才评估报告和人事司的统计数据显示，截至2017年年底，在气象部门事业单位中，89.1％是专业技术人员。其中，30岁及以下、31～35岁、36～40岁、41～45岁、46～50岁、51岁及以上人员分别占事业单位专业技术人员的24.3％、15.9％、13.8％、10.4％、12.6％、23.0％。45岁及以下专业技术人员为21921人，占事业单位专业技术人员的64.4％。

党的十八大以来，全国气象部门共招收本科及以上毕业生7816人（博士365人、硕士2448人、本科5003人），共在职培养本科及以上学历1568人（博士58人、硕士831人、本科679人）。

（二）青年人才结构

据中国气象局人才评估报告和人事司的统计数据显示，截至2017年年底，全国气象部门在职国家编制青年气象科技人才（45岁及以下）平均年龄34岁，主要集中在27岁至36岁，男女比例为1.02∶1。

从学历来看，大学本科以上为主体，占93.7％，其中，博士983人，占4.5％；硕士4912人，占22.4％；大学本科14630人，占66.8％。另外，大专1212人，占5.5％；大专以下184人，占0.8％。

从所学专业来看，具有大气科学及地球科学专业背景的13452人，占61.4％；信息技术专业4645人，占21.2％；其他专业3824人，占17.4％。

从职称来看，中级及以上为主体，占56.1％，其中正高级125人，占0.6％；副高级3332人，占15.2％；中级8832人，占40.3％。中级以下9632人，占43.9％。

从岗位来看，从事气象服务4255人，占19.4％；气象预报3915人，占17.9％；气象观测1862人，占8.5％；信息技术1421人，占6.5％；科学研究849人，占3.9％；教育培训359人，占1.6％；综合气象业务7938人，占36.2％；其他1322人，占6.0％。

从层级来看，国家级1669人，占7.6％；省级5848人，占26.7％；地市级6666人，占30.4％；县级7738人，占35.3％。

（三）人才培训

据中国气象局气象干部培训学院的统计数据显示，近三年，仅国家级气象培训（面授培训）年均为

181802人天，其中，业务类培训年均为149487人天，占82.2%；管理类培训年均为32316人天，占17.8%。业务类与管理类呈现出明显分层分类的培训特点，管理类培训以某一专题培训为主，并以5～10天的短期培训为主要特征。

三、青年气象科技人才发展的主要问题

（一）人才的政治引领工作欠缺

从调研分析看，97%的受访者认为参加培训对个人职业发展有益或非常有益。行政管理人员参加政治理论、专业技能、管理能力培训相对均衡；而业务科研人员以专业技能培训为主（占67%），参加政治理论学习比例较低（约占25%），有近20%的业务科研人员未参加过政治理论培训。行政管理人员、“双肩挑”人员、业务技术人员、科研人员参加政治理论培训的意愿依次递减，分别为85%、71%、64%、45%，而30岁以下人员普遍觉得没有必要。48%的受访者认为青年气象科技人员主观能动性不足；66%认为青年气象科技人员遇到困惑时缺乏心理疏导的渠道，在交流倾诉对象中，朋友、爱人和同事占据前三，分别是61%、47%、30%，单位领导则不足20%。

结果表明，一方面对青年气象科技人员政治、思想教育欠缺，心理健康教育和服务工作缺失，重视不够；另一方面青年气象科技人员本身接受政治、思想教育的意愿不强，甚至排斥。双重因素叠加，加上外来思潮和一些负面信息的冲击，必然会影响到青年气象科技人员的价值取向和内生动力。

（二）人才培养体系待完善

1. 人才发展引导不充分

问卷调查显示，58%的受访者认为缺乏个人事业发展引导是当前青年气象科技人才培养的最主要问题。主要体现在：一是青年气象科技人才职业发展规划的合理性有待提高，51%的受访者认为青年气象科技人才具有短期规划、无长期规划，缺乏长远目标；仅25.7%的受访者认为青年气象科技人才既有短期规划，又有长期规划。二是高层次青年气象科技人才职业发展规划相对清晰，其他层次人才职业发展规划欠缺；既有短期规划又有长期规划的科技人才中，正高级职称为47.6%，博士为40.9%，副高级职称以下和硕士以下不到30%。三是对处于不同发展阶段的青年气象科技人才引导的针对性不强，尤其是对刚入职人员的职业规划辅导不够，新入职人员发展方向不清。

2. 人才培养方式针对性不强

问卷调查显示，受访者45.5%认为是学习培训机会少，44.6%认为是缺少科研、业务项目锻炼，40.5%认为是缺乏轮岗、挂职等培养措施，36.6%认为是培训针对性不强，32.6%认为是人才培养工程作用发挥欠佳，26.2%认为是跨学科、行业交流不够。结合问卷调查、座谈和个别访问，我们发现，青年气象科技人才培养方式针对性不强主要体现在：一是针对不同发展阶段、不同岗位类型的青年气象科技人才的培养举措缺乏差异化，管理部门没有很好地结合科技人才所处的不同成长阶段和其所在岗位性质，挖掘提炼培养需求。二是主管部门与用人单位培训供需信息不对称、不平衡，没有形成双向互动。三是科研、业务项目带动作用发挥不够、机制不活，基层科技人才参与难度大，“传帮带”作用未有效发挥。四是针对高层次青年气象科技人才培养力度还不够大，对创新型骨干人才缺乏特殊人才培养政策。五是跨学科、跨行业交流少，难培养一专多能的复合型人才。

（三）人才政策的科学性和创新性不强

1. 人才政策的差异性和适应性调整不够

在调研中，我们发现人才政策具有趋同现象。从内容上看，一些政策缺乏自身的个性特点，没有因地制宜、因人因岗因层级施策，没有体现出差异性，存在“大一统”“一把尺子”的倾向。从过程上看，缺乏

必要的研究文本作基础，没有做深入细致的分析和专题研究工作，存在简单模仿、拼凑、套用甚至照抄现象，具有明显的雷同化倾向。从应用上看，人才规划缺乏持续性的人才投入、跟踪性的人才政策作支撑，难以有效落实；一些人才政策缺少持续性措施、配套政策和跟踪评估后的适应性调整，经常出现虎头蛇尾的现象，甚至成为摆设，无法发挥人才政策的引导性和激励性作用。

2. 人才激励政策保障性不强

从调研分析看，56％的受访者认为激励保障措施不到位是制约青年气象科技人才发展的主因，尤其是72％的科研岗位、76％和70％的国家级和省级受访者认为它是最突出的问题。相反，地市级及以下受访者并不认为激励保障措施不到位是主因。不同层级、不同岗位、不同年龄的人才对激励政策的需求存在差异，而我们现有的人才激励政策未充分体现这种差异性。在访谈调研中，我们还发现科技成果转化激励机制在一院八所之外基本未有效实施，也一定程度上影响了科研人员的积极性。

（四）人才发展空间不足

调查数据显示，53％的受访者认为气象部门人才流失的主要原因是发展空间受限，其中，57.2％的副高级职称、54.5％的中级职称受访者认为发展空间受限是人才流失的主要原因。受访者对专业技术岗位管理的满意度不足30％，认为岗位数量少、未真正实现岗位能上能下的占45％和42％，其中最突出的矛盾是副高级岗位，副高级岗位人员选择以上两个选项的比例超过50％。另外，48％的受访者认为青年气象科技人才队伍存在的主要问题是发展平台受限。由此可见，青年气象科技人才发展空间不足主要体现在职称、岗位晋升空间不足，能力晋升渠道不畅，发展平台受限等，但在不同层级的气象部门，发展空间不足的主要矛盾并不完全相同。

国家级和省级青年气象科技人才反映发展空间不足的问题主要集中在：一是专业技术岗位紧张，特别是副高级岗位，导致青年气象科技人才上岗困难。二是部分单位未落实国家和部门关于岗位聘用的相关政策，未建立岗位动态调整机制，岗位聘用能上不能下。三是岗位能上能下涉及的相应待遇调整较复杂，缺乏明确的政策指引。四是岗位晋升的考核标准不科学，考核中存在论资排辈、平衡照顾、求全责备等现象。五是副高级岗位紧张造成副高级职称评审竞争激烈，有的单位副高级职称评审条件甚至超过正高级职称评审条件，造成评审条件“倒挂”。六是专业技术人员发展轨道单一，缺少换“轨”发展机会。

地市级和县级青年气象科技人才反映发展空间不足的问题主要集中在：一是地市级和县级气象部门人员少、体量小、层级低，缺少高层次人才在业务和科研等方面的“传帮带”；二是申请项目、参与重大业务科研项目的机会少，业务、科研能力提升渠道不畅，导致发展空间受限；三是参加业务交流、学习培训的机会少，影响自身素质和能力的进一步提升；四是地方编制人员“天花板”较低，国编与地编对调不畅，导致发展受限。

四、加快青年气象科技人才发展的对策建议

（一）强化人才的政治引领吸纳

一是全面加强党对人才工作的领导；二是不断强化政治吸纳；三是切实加强政治教育培训。

（二）加强对人才的心理疏导

一是领导要发挥重要作用，主动、定期开展谈心谈话；二是要加强文化建设；三是要适时开设心理疏导课程。

(三)完善人才培养体系

1. 加强职业发展引导

调研结果显示,国家级和高层次、高学历人才对于自身职业发展有着较为清晰的长、短期规划;大学本科以上和30～40周岁的青年人才则希望有更多的岗位选择机会(约占74%);30周岁以下青年人才更希望接受入职职业规划辅导。因此,职业发展引导必须适应需求,调整重心,有针对性地开展。对于新入职和处于成长初期(一般工作3～5年,年龄在30岁以下)的青年人才,应加强职业规划辅导,定制培养目标和路线图。对于进入提升期(一般工作6～10年,年龄在35岁以下)和成才期(一般工作10年以上,年龄在35岁以上)的青年人才,应对其职业能力进行合理评估,在此基础上提供职业规划咨询与辅导,并提供更多的岗位选择机会。还需要将长期目标和短期目标有机结合,需要根据现实变化和个人需要进行适时评估和适当调整,以更好地符合自身发展和事业发展的需要。

2. 健全适应需求的人才培养体系

本研究的受访者普遍认为最有效的青年气象科技人才的培养方式分别有岗位交流(66%)、培训学习(62%)、项目培养(59%)和基层锻炼(52%)等。从岗位类别来看,科研人员认为最有效的方式是项目培养(63%),业务人员认为是培训学习(65%)。从职称分布来看,正高级职称人员认为最有效的方式是项目培养(73%)和"传帮带"(64%),初级职称人员则认为是培训学习(68%)。从学历分布来看,博士认为最有效的方式是国外访问进修(68%),硕士认为是项目培养(70%),本科和大学专科则认为是岗位交流(72%,66%)。

设定具有针对性、阶段性、系统性的培养目标和培养举措。对于处于提升期的"冒尖"科研人员,要充分利用国家政策,支持和鼓励拔尖的青年科研人员到国外一流大学、科研机构访问和开展合作研究;在科研与业务项目申报上给予倾斜;围绕个别"冒尖"科研人员,组建较为固定的科研团队。对于学历层次不高的业务人员,要充分发挥高级专家对业务技术人员的"传帮带"作用;加强岗位交流和锻炼;提升培训课程的质量与针对性。

(四)优化人才政策环境

1. 加强人才政策的前期基础研究

一是要研究国家和地方政策对本单位人才政策的适用性、约束性和开放性;二是要研究外单位外部门相关人才政策;三是要研究本单位人才结构现状与事业发展对人才结构调整的需求;四是要研究不同层级不同年龄不同岗位人才的实际需求。

2. 加强人才政策的应用后评估

重点评估实施成效、落实情况、配套政策、存在问题等,根据评估报告,对政策进行适应性调整。

3. 增强人才政策的激励性

一是要用好绩效工资政策。结合事业单位绩效工资制度改革,落实同城待遇,完善分级分类绩效考核机制和分配办法,建立灵活的绩效工资增长机制及福利补偿机制。同时,要结合单位实际,用好创新团队激励政策。二是要用好科技成果转化激励政策。深入研究"促进气象科技成果转化应用"相关政策措施的落实,完善气象科技成果转化具体管理办法,建立气象科技成果转化收益分配制度。探索建立科技成果转化远期激励制度。研究事业单位内部执行政策的平衡性。三是要创新"3H"政策。根据本地的政策环境,着力解决青年气象科技人才的"3H"需求,即在住房(Housing)、子女入学和配偶工作(Home)、健康(Health)等方面的实际困难。四是要用好地方人才政策。争取纳入地方人才工程、科技创新、人才奖励、引进人才政策大篮子;充分发挥社会力量在科技奖励制度建设方面的作用。

（五）拓展人才发展空间

1. 发挥岗位在拓展人才发展空间中的基础作用

针对岗位不足的矛盾，积极争取人社部的支持调整岗位设置比例，通过职称评审逐步达到一定的平衡。针对岗位能上能下的问题，科学设置岗位晋升考核标准，制定公平公正的考核办法，研究岗位上、下后相应的工资、津贴补贴、政策性奖励、医保、养老、公积金等调整政策。实现事业单位人员由“身份管理”向“岗位管理”的真正转变，打破“岗位终身制”，充分发挥岗位管理政策的激励作用。

2. 发挥平台在拓展人才发展空间中的促进作用

落实好重大业务工程负责人员制度。落实好各级人才工程（计划）。使用好科研、业务项目平台。发挥好高层次人才在业务、科研等方面的传帮带作用。利用好岗位交流平台。

专业气象服务发展和气象服务社会化调研报告

廖军[1]　张迪[1]　孙石阳[3]　辛源[2]　李凌[4]

(1.中国气象局应急减灾与公共服务司;2.中国气象局人事司;3.深圳市气象局;4.大连市气象局)

一、气象部门专业气象服务存在的问题

(一)对专业气象服务定位不清晰、认识不到位、重视程度不高

一是定位不清晰。对专业气象服务的概念模糊,服务边界不清晰,有的单位仅将专业气象服务作为科技服务创收的途径,有的单位将专业气象服务作为基本公共服务提供。二是作用不清晰。对专业气象服务在气象事业中的作用和价值不清晰。三是重视程度不高。管理职能部门对专业气象服务投入精力、资源不够,重视程度不高,专业气象服务处于边缘化。

(二)专业气象服务核心能力不强,保障措施不力,支撑水平亟待加强

一是科技创新能力不够,新技术应用程度较低,科技含量不高、深度不够,缺乏核心品牌和拳头产品。二是产品提供及营销能力不足,以用户为中心、融入式发展水平不高,对服务对象的需求挖掘不够,适应不同消费者需求的产品提供能力、市场营销能力严重不足。三是基础支撑薄弱。面向不同行业领域的气象观测、数据资源、影响预报模式模型发展滞后。四是保障措施匮乏。人才队伍支撑不够,资金投入不足,科技投入重视不够,人事、计财、法规等政策支持还需要继续加强。

(三)专业气象服务集约化水平不高,服务规模"小、低、散",业务布局亟待完善

一是横向布局上,各业务服务单位之间的职能不清晰,协同不足,业务链条布局不能适应用户要求,存在重复、低效、无序发展等问题。二是纵向布局上,国家—省—市—县四级缺乏集约,各级各单位的职能作用定位也不清晰,部门内部不同服务主体之间恶性竞争频频发生。三是领域布局上,重点不突出,聚焦聚力不够,在海洋气象专业服务领域表现尤为突出,缺乏深耕重点专业领域的决心、恒心和耐心。四是事企布局上,国有企业和事业单位在专业气象服务的定位不清晰,事企相互补充的发展格局亟待建立。

(四)专业气象服务激励机制不健全,发展活力不足,动力不够

一是针对专业气象服务的利益分配机制、激励机制、管理考核机制、人才保障机制等不健全,气象部门特别是事业单位专业气象服务的发展活力和积极性难以有效激发。二是国有气象服务企业在一定程度上按照事业单位机制运行,现代企业制度没有充分建立,企业治理结构不科学,企业自主经营权弱,缺乏活力,效益不高。三是事企不分,与改革趋势和社会共识不符合。

二、专业气象服务发展形势分析

(一)当前处于专业气象服务需求的"井喷期",迫切需要专业气象服务提质增效

一是服务保障国家重大战略提出更高需求。二是人民美好生活需要提出更高要求。三是经济转型

与高质量发展提出更高需求。

(二)当前处于适应国家改革形势“阵痛期”,迫切需要对专业气象服务重新布局

一是国家事业单位改革对专业气象服务带来影响。二是国有企业改革对专业气象服务带来影响。三是国家科技创新改革对专业气象服务带来影响。

(三)当前处于气象部门内生发展的“压力期”,专业气象服务需要重新定位

一是发展专业气象服务是履行公共服务职能的需要。二是发展专业气象服务是提升气象现代化能力的需要。三是发展专业气象服务是破解部门发展难题的需要。

三、气象部门专业气象服务发展思路

(一)指导思想

全面贯彻落实党的十九大精神,坚持以习近平新时代中国特色社会主义思想为指引,牢固树立和落实新发展理念,坚持以人民为中心的发展思想,坚持公共气象服务发展方向,以提高专业气象服务质量和效益为目标,以放开、搞活、提质、增效为主线,以智慧气象为目标,推进专业气象服务供给侧结构性改革和科技创新,提高气象事业单位公益性专业气象服务创新供给能力,发挥国有专业气象服务企业在市场竞争中的主体作用,推动社会力量积极参与专业气象服务,强化专业气象服务规范管理,实现专业气象服务质量变革、效率变革和动力变革,不断满足用户多层次、多样化的服务需求,更好地服务于国民经济和社会发展。

(二)发展定位

发展方向:坚持公共气象服务发展方向,以满足人民美好生活、国民经济和社会发展各领域对气象服务提出的需求,保障各级政府及相关组织履行公共服务职能为重点。

发展定位:专业气象服务是新时代中国特色现代气象服务体系的重要组成部分。发展专业气象服务是气象部门履行公共服务职能的重要方面,是气象事业持续稳定发展的重要抓手,是提高气象服务质量和效益的必由之路。

(三)发展思路

坚持分类发展、集约发展、规模发展、品牌发展、融合发展、规范发展、创新发展。

四、新时期气象部门专业气象服务发展建议

(一)充分发挥气象事业单位在公益性专业气象服务的主体作用

保障政府及相关组织履行公共服务职能所需要的公益性专业气象服务,以二类气象事业单位提供为主,通过政府购买服务配置所需资源。

一是建立公益性专业气象服务政府购买服务机制。面向国家重大战略和重点服务领域,形成专业气象服务政府购买机制;各省级气象部门围绕区域发展战略和本地特色需求,明确专业气象服务重点领域,推动相关专业气象服务纳入本地政府购买服务清单。

二是推动公益性专业气象服务集约化发展。优化横向、纵向业务服务布局,实现各个专业气象服务领域的业务集约、资源集约、人才集约。强化国家级业务服务单位在重点专业气象服务领域中的牵头组

织、业务指导、标准研制和技术支持作用。在现有气象服务机构基础上，探索成立交通、能源、生态环境、海洋、农业等分领域跨区域专业气象服务技术联盟或联合体。搭建全国专业气象服务资源共享合作平台。

三是建立有利于激发事业单位发展活力的激励机制。用足用好相关政策构建专业气象服务科技成果转化收益分配制度。鼓励事业单位通过技术开发、技术转让、技术咨询、技术服务等方式开展专业气象服务科技成果转化活动。建立体现与岗位职责、工作业绩、实际贡献、经营效益紧密联系的分配激励机制。鼓励具备条件的气象事业单位在确保公共气象服务目标完成前提下，依托自身技术优势，参与和主业相关的市场竞争。

四是建立气象事业单位与国有专业气象服务企业的合作纽带。鼓励气象事业单位以科技成果转化的方式建立并落实与部门专业气象服务企业间的技术合作"纽带"。理顺气象事业单位与部门专业气象服务企业间的投资收益关系，完善气象事业单位与专业气象服务企业间的资本"纽带"。建立气象事业单位科技创新成果与部门专业气象服务企业的需求对接和成果应用机制。

（二）充分发挥国有专业气象服务企业在市场竞争中的主体作用

保险、电力、远洋导航、航空运输等市场化专业气象服务由国有专业气象服务企业提供为主，打破属地原则，充分发挥市场在专业气象服务资源配置中的决定性作用。

一是提高国有专业气象服务企业核心能力。支持国有专业气象服务企业发展专业气象服务核心业务，建设专业气象服务平台，形成专业气象服务核心创新能力，改变长期以来其专业气象服务过度依赖气象事业单位的现状。以增强企业活力、实现国有资本保值增值为主要目标，以提高经济效益和创新商业模式为导向，提高国有专业气象服务企业需求捕捉、市场拓展和经营以及资本运作能力。鼓励国有专业气象服务企业在开展市场竞争基础上，通过政府购买服务、成本补偿等方式参与公益性专业气象服务。

二是推动国有专业气象服务企业规模发展。推动市场化专业气象服务规模化发展，发挥重点国有企业在专业气象服务市场竞争中的龙头作用，实现国有专业气象服务企业做强做优做大。探索成立以中国华云为龙头、省级优势企业自愿参与的专业气象设备和软件开发企业集团，成立以华风为龙头、省级优势企业自愿参与的气象信息产业集团。按照"一企一策"原则，针对远洋导航、金融保险、电力、能源、航空运输等领域，出台相关扶持政策，通过兼并重组、上市融资，培育若干具有国际竞争力的科技创新企业。围绕气象产业园运营，形成专业气象服务的产业培育和企业孵化能力。清理国有专业气象服务僵尸企业。

三是深化国有专业气象服务企业改革。适度引入具有市场和技术优势的战略投资者，开展国有专业气象服务企业混合所有制改革试点，实现不同所有制资本在专业气象服务领域交叉持股、取长补短。鼓励国有专业气象服务企业以投资入股、联合投资、重组等多种方式入股与自身业务互补性高且行业优势大、成长性强的非国有气象服务企业。探索实行混合所有制企业员工持股，对重要科技人员和管理人员实施股权和分红激励。探索建立气象部门国有资本运营管理平台，建立以管资本为主的运营模式。厘清华风等国有气象服务企业产权关系，优化企业治理结构。推行职业经理人制度，对市场化选聘的职业经理人实行市场化薪酬分配机制。

（三）提高专业气象服务核心科技能力

一是强化专业气象服务基础支撑。加强专业气象观测站网的统筹规划、运行管理、质量控制、资料应用，通过自建、合建、社会资源参与等方式完善专业气象观测网建设。围绕重点领域，支持国家及各区域专业气象服务中心发展农业气象、环境气象、生态气象、水文气象、海洋气象、地质灾害等专业预报服务模式。围绕地方需求，支持省级发展基于影响的专业气象服务技术、指标。建立专业气象观测、预报、服务互动发展机制，形成观测预报支撑专业服务，专业服务推动观测预报专业化发展的格局。通过购买、交换、建立伙伴关系等途径，建立包含交通、地理、农业、生态环境、统计、海洋等领域的行业大数据。建立多层次、宽领域、广覆盖的专业领域部门合作机制。

二是发展智慧型专业气象服务。以智能生产、按需供给、互动共创、全程追溯、自我学习为目标，发展智慧专业气象服务，实现专业气象服务的“专、精、特、新”。建设多元数据融合、多种技术集成、适应多种传播介质的智能化专业气象服务产品制作平台，为专业用户提供定单式的气象服务。开展对需求获取、产品设计、产品制作、效益评估、服务改进等整个过程的服务行为监控、评估。

三是打造专业气象服务品牌。建立专业气象服务产品标准体系和质量体系。开展专业气象服务品牌化行动，编制中国气象品牌行动计划，建立年度全国专业气象服务品牌推介会制度，充分利用国际国内重大活动机会，举办专业气象服务产品博览会。打造以“中国天气”为代表的系列品牌，围绕公共气象、安全气象、资源气象、生态气象，以用户至上为原则，推进中国专业气象服务品牌伙伴计划。扩大对外合作与交流，借助“一带一路”倡议，积极推进专业气象服务走出国门，鼓励国有专业气象服务企业走出去参与国际竞争。

四是强化专业气象服务科技创新。围绕重点领域，组建全国性专业气象服务创新团队，建立以增加知识价值为导向的利益分配机制，开展关键技术攻关和服务产品开发。鼓励省级研究所发展成为具有特色的专业气象服务研究机构，形成具有地方特色的专业气象服务技术。加大专业气象服务科研项目投入。联合各类专业用户成立部门间新型创新研究机构，开展专业气象服务科技创新。强化企业在专业气象服务科技创新中的主体地位。依托华风创新研究院建设气象服务科技创新平台，建设聚焦重点领域的气象产业科技创新联盟，完善部门内外联合、事企协同的创新机制。

（四）规范专业气象服务秩序

一是规范专业气象服务部门秩序。出台专业气象服务发展指导意见。建立气象数据对外统一服务机制。建立气象部门专业气象服务监督管理平台，探索建立专业气象服务市场合作备案公示制度、商务谈判保护期机制以及不同市场主体的利益分享机制。建立有利于打破区域限制的收益分配和合作机制。明确各相关职能部门的管理职责，强化专业气象服务国有资本监管、市场行为监管、预算管理、绩效考核、信息安全管理、纠纷协调等职能。

二是规范专业气象服务市场秩序。建设全国统一的气象服务市场监管平台。加快专业气象服务信用体系建设。完善专业气象服务社会监督制度。发挥中国气象服务协会在行业气象服务评价、气象服务企业行业自律及企业与政府管理部门中的沟通作用。

（五）强化专业气象服务保障

一是完善政策法规。适时研究制定和完善促进专业气象服务发展的部门规章和政策。建立气象信息获取、存储、使用、安全保密监管以及气象信息资源产权保护和激励等相关配套制度措施。

二是加强队伍建设。建立多层次多类型的专业气象服务业务人才培养体系、人才成长通道和用人机制，培养业务骨干，引进和选拔领军人才。探索建立事企之间人才流动机制。

三是加大投入支持。落实地方气象事权，力争把公益性专业气象服务所需经费纳入地方财政预算；完善公益性专业气象服务经费投入机制，鼓励各地通过政府购买服务方式落实安排公益性专业气象服务经费；加大对专业气象服务基础平台和关键环节的投入支持。

四是发挥党建作用。坚持在党的领导下规范和发展专业气象服务，加强气象事业单位和国有企业党的政治建设，充分发挥基层党组织和党员作用，加强风险防控，做到关口前移，确保事业发展、队伍安全。

“全面深化基层改革　加快推进事业发展”专题调研报告

彭广　旷万华　刘琦

（四川省气象局）

四川省气象局组成调研组开展了题为“全面深化基层改革，加快推进事业发展”的调研工作。在全省问卷调查基础上，2018 年 7—8 月，着重选取巴中、达州、宜宾、乐山 4 市以及平昌、达川、开江、渠县、宜宾、屏山 6 县（区）进行实地调研。

一、全面深化基层气象改革面临的形势

（一）气象部门管理体制总体保持不变

党和国家机构改革没有明确涉及气象部门，一方面有利于保持气象工作的连贯性、气象机构和人员队伍的稳定性，但另一方面基层气象部门长期存在的体制机制矛盾仍难以有效解决。因此，气象部门需要积极深化自身改革，提升基层气象机构综合能力。

（二）气象部门定位作用发生变化

气象事业的公益属性将进一步强化，发展方向向专业化转变。气象需要积极融入生态文明建设，既要做防灾减灾的消息树和发令枪，又要做美丽中国的建设者和守护者。

（三）科技发展要求业务模式调整适应

大数据等新技术为气象信息化转型发展提供了技术支撑。随着基于信息化的地面观测自动化改革的推进和智能网格预报业务的发展，基层气象业务体系布局、岗位设置以及业务模式也将发生深刻变化。

（四）县级气象机构发展出现新的问题

随着国家发展战略的不断调整，事业单位改革、预算和财税制度改革大踏步推进，县级气象机构改革后出现了一些新的问题。

二、存在的主要问题

（一）业务体制改革

1. 预报业务改革有待进一步优化完善

2017 年 4 月，四川省局启动预报业务流程改革，重点优化调整了省、市、县三级业务布局和运行机制，重点将城镇天气预报调整到省级制作。2018 年 4 月，进一步优化调整短时临近天气业务和短期灾害性天气预警业务布局。从调研来看，绝大多数市（州）肯定改革取得的成效，但仍反映出以下问题：一是自贡、巴中、广安、攀枝花、绵阳等市（州）反映城镇天气预报调整到省级制作后预报准确率下降。主要原因是各地对预报结论进行订正后，未被省气象台采用，导致当地预报准确率下降，同时也导致省、市发

布的预报有不一致的情况发生。二是预警信号实行属地原则发布后，省、市两级合理有效区分预警和预警信号产品，但根据改革方案，县级仍需同时以预警和预警信号两种产品开展服务，两种产品内容相似，基层服务对象仍然容易混淆两种服务。

2. 观测网络业务改革需要加快推进实施

2016 年 8 月，四川省局陆续在广汉等 22 个国家气象站开展无人值守试点工作。调研反映出以下主要问题：一是目前自动化程度还不够高，目前还未能实现所有要素的全面自动化观测。二是台站设备出现故障时，人员到位时间相对延长，相较未实现无人站时容易造成因故障资料逾限、缺报的情况。同时，各台站新型站设备及系统运行不稳定，在无人值守情况下对于异常的处理存在一定困难。三是当前开展无人值守试点工作均为局站分离的县局，部分局站两地相对较远，按照当前工作要求，在局办公地开展天气现象观测，导致局站两地天气存在差异，在出现雷电、日照等与降水、温度等存在矛盾的情况，尤其夏季局地小天气系统较多时更为显著。

（二）县级机构职能改革

1. 人员身份复杂多样，管理矛盾突出

当前，四川省县级气象局主要由四种身份人员组成，包括国编参公、国编事业、地编事业、编外聘用人员，个别地方甚至还有第五类人员，如凉山州德昌县还存在地编参公人员。实际工作中，由于国家编制特别是参公编制不足、行政管理事务过多等原因，导致混岗现象普遍，大量地编人员从事基础业务、事业人员从事管理工作。这种情况的出现带来两个方面的问题：一方面，由于长期从事非技术岗位工作，事业人员个人职称晋升受到一定制约；另一方面，地编和国编、事业和参公在待遇上都存在差异，特别是混岗后，因为身份不同导致收入不同，职工工作积极性造成一定影响，导致管理矛盾突出。

2. 机构设置滞后改革，作用发挥不佳

根据 2013 年机构设置方案，县级气象局统一内设办公室和防灾减灾科 2 个管理机构，气象台和气象服务中心 2 个直属事业单位，但实际工作中，由于人员不足等原因，造成部分机构"空壳化"，职能作用未能有效发挥。一是当前县级参公编制主要为局领导，由于参公编制数量不足，导致实际上内设科室行政管理工作由事业身份人员承担。二是县级设定综合业务岗后，观测、预报、服务职能融为一体，气象台和气象服务中心的机构划分已不符合当前实际。三是受国家改革影响，大部分地方已无力通过聘用人员解决气象业务人员不足的矛盾，造成部分机构"空壳化"，以防灾减灾科和气象服务中心最为显著。

3. 职务晋升渠道不畅，班子建设受阻

当前，县级局领导为参公编制、普通干部职工为事业编制的现状，对普通干部职务晋升也带来很大问题。由于身份不同，正常情况下事业编制人员职务晋升只有唯一模式，即首先提拔为气象台台长（副科级），满两年后再调任副局长。带来的问题一是大多数领导班子不能及时补齐。参公编制满员的情况下，即便领导职数空缺，也无法提拔干部。即便能够提拔，也使干部晋升时间延长。二是岗位作用不能有效发挥。气象台台长职务成为领导班子选拔的跳板，从理论上讲应该侧重业务能力，但基于领导班子选拔考虑，实际上往往选拔管理能力较强的干部，导致气象台台长作用未能有效发挥。三是单线晋升渠道也对干部管理带来困难：一方面，气象台台长成为提拔县局领导唯一途径，缺乏竞争机制，不利于干部成长；另一方面，如因人员原因未能形成良性机制，则气象台台长职位也将成为单位干部晋升的"肠梗阻"，带来更大矛盾。

4. 党员人数不足，党组作用未能有效发挥

当前四川省成立党组的县局不到总数的一半，究其原因，一方面由于部分县气象局党员人数过少；另一方面，已经设立的党组，在运行中也存在较多问题。一是在党组设立之初，单位领导班子满足 3 人均为党员的基本条件，但随着干部变化调整，出现班子未补齐以及新任班子成员为非党员的情况，导致党组实际成员不足3人,无法正常开展工作,导致空壳化。二是部分单位党组,未考虑实际变化,在成员不足3人的情况下,通过党组讨论决定事项,导致民主决策不规范。

5. 地编人员晋升空间有限,发展瓶颈严重

地方编制人员缺乏晋升空间的问题,虽然省、市部门都存在,但县级由于基数小,矛盾更为突出。一是职称晋升后无岗位聘用。县局多数仅有2～3个事业编制,因为基数小,人员年龄结构相似,往往存在取得更高职称不能聘用的情况。二是没有领导职务晋升空间。当前,地编人员与国编人员未能建立有效的流动机制,单位领导干部职数均为国家编制,这就从机制上杜绝了地编人员的职务晋升空间。

6. 人才引进较为单一,复合型人才缺乏

当前,随着各项改革的推进,县级气象业务内涵已逐步发生变化,在人才队伍方面也暴露出以下问题:一是新进人员结构较为单一,对目前较为缺乏的管理型和技术保障型人才引进不足。按照上级人才招聘要求,近年来继续重点引进大气科学类专业人才,但实际工作中,行政、财务、党建、纪检等管理工作以及网络、设备维护等技术保障工作人员需求愈发显著,形成了较为突出的矛盾。二是实行综合业务岗后,业务复合型人才缺乏的问题也更为突显。

(三)财务保障体制改革

1. 事权和支出责任划分不明晰,经费保障落实困难

随着经济社会发展,原先定义的国家气象事业和地方气象事业的概念已发生改变,导致中央事权和地方事权一定程度上难以明确划分。由于事权和支出责任划分不清晰,导致基层普遍存在地方事权保障不到位,支出责任无法落实等问题,造成部分地区某些领域,“双重管理”实际上变成“双不管理”,难以有效保障气象事业长久稳定发展。

2. 创收减少支出增加,经费缺口矛盾更加凸显

近年来,为激励干部职工,全省各地年度目标考核奖励(绩效奖)标准大幅提升,但由于上述政策为各地自行出台,中央财政未纳入预算,实际工作中,各级气象部门多数单位通过科技服务收入保障人员奖励。但随着防雷改革的深化,以防雷服务为主的气象科技服务收入呈断崖式下降,以科技服务收入弥补人员经费不足的现状受到严峻挑战,由此产生的经费缺口矛盾更为显著。

三、当前形势下深化基层气象改革基本思路

调研组通过调研,针对上述梳理出的三个方面的主要问题,研究建议在当前形势下深化基层气象改革遵循“一条主线”、把握“四个充分”的改革基本思路。

一条主线——以提升县级机构综合能力为主线。就是要准确做好县级机构定位,优化机构人员配置,优化业务服务流程,优化人才队伍机构,优化事业发展环境。以人才和科技创新为推动力,以机构和财政保障为向心力,补齐发展短板,提升综合能力,构建基层气象事业发展新格局。

四个充分——一是充分发挥机构职能作用。按照气象事业属性和事业单位改革方向,基层气象机构首当其冲需要充分发挥公共气象服务和气象防灾减灾的职能作用。二是充分合理调配人力资源。基层气象部门人少事多,需要合理优化业务流程,解放部分人力资源,合理调配亟需岗位,解决事业发展缺人的难题。三是充分激发调动人员干劲。事业要发展,首先要解决人的发展问题。需要加强探索研究,走出一条符合当前实际,满足多种身份人员共同进步发展的改革道路。四是充分落实事业发展保障。事业发展必须解决干部职工后顾之忧,核心保障要落实基本待遇,需要加强横向纵向对接,理顺并完善双重计划财务体制。

四、改革完善建议

(一)业务科技体制

1. 优化完善预报业务改革

进一步完善城镇天气预报业务流程,在研究分析基础上,考虑是否增加市(州)局预报结论订正意见,同时统一结论,做到省、市对外发布的预报内容一致。同时进一步优化县级短期灾害性天气预警业务。

2. 加快推进观测网络预报改革

一是进一步优化无人值守方案,尽快取消所有人工观测项目,真正实现观测站无人值守。二是加大对基层培训力度,推动设备维护保障业务成为人人掌握的基本技能。同时,根据四川省实际,可因地制宜地完善区域站社会化保障机制,扩大覆盖范围,或者探索其他类型的保障机制。三是加大省、市、县三级协同,调整完善各方职责,强化质量控制,保障业务有序开展。如国家站数据质量监控职能可调整到省级,区域站调整到市级,在数据质量发现异常后提醒县级处理,真正解放基层业务人员在观测自动化后,还需通过值班值守进行数据质控的矛盾。

(二)县级机构职能改革

1. 科学设置机构岗位,充分发挥职能作用

一是县局内设机构及直属单位数量,应根据单位人员、编制实际,因地制宜科学合理设定。人员编制较少的县局建议缩减为 1 个内设机构和 1 个直属单位。二是科学合理设定岗位,有效调动并发挥每个岗位每名职工积极性。比如适度减少业务岗位并增加管理岗位,从事党务、纪检等工作。

2. 合理优化人员编制,根本解决管理矛盾

一是建议从国家层面考虑尽量单一化气象部门人员身份编制,将国家编制职工全部转为参公身份或者全面转为事业身份,从根本上解决由于身份不同带来的管理问题和干部晋升问题。二是无法单一化身份情况下,适度增加人员编制特别是参公编制,推动县局严格执行岗位职责,避免混岗带来的管理问题。三是建立完善地编与国编人员合理有效的流动机制,解决地编人员专业技术晋升出口窄、行政职务晋升无通道的问题。

3. 优化完善党组设置,有效发挥党组作用

一是因地制宜的方式。对于未成立党组的县局,可考虑根据实际因地制宜研究是否成立党组,不再统一规定。对于已经成立党组的县局,可根据《党组工作条例》第七条规定,补充副科级的气象台台长为党组成员,确保党组班子成员保持在 3～4 人。二是全面完善的方式。各单位设党组纪检组组长,担任党组成员。同时根据需要,必要时补充副科级的气象台台长为党组成员,确保党组合理有效履职。

4. 加强人才培养引进,优化人才队伍结构

一是挖潜现有人才队伍,加大复合型人才培养力度,加强专业技术培训,特别是综合业务和技术保障技能培训。二是多元化推进人才引进,进一步放宽进人专业要求,加大非大气科学类专业人员特别是管理型和技术保障型人才引进,丰富人才队伍结构。三是完善良性的人才流动机制,建立完善编外、地编、国编人员的补充机制,选拔优秀人才进入国编。

(三)财政保障体制改革

1. 完善机制,明晰事权和支出职责

建议从国家层面提出基层气象部门中央地方财政支出分权政策,进一步明晰各自支出责任和保障

责任，形成基层气象部门主要业务发展靠中央、机构日常运转靠中央、特色需求和特色发展靠地方、地方出台人员经费政策靠地方的长效保障机制。

2. 多措并举，积极解决当前经费困难

在国家气象事权和支出责任划分还不明晰的情况下，加强地方沟通汇报，争取经费保障并建立长效机制，着重要解决目标绩效奖励经费，保障气象职工与地方单位职工实现同城同待遇。进一步拓展发展领域，全力推进专业气象服务发展。

新时代湖北省气象部门党建工作责任有效落实的思考及对策分析

蔡奇亮　郑运斌　周芳　黄彦铭

（湖北省气象局）

为深入了解湖北省气象部门基层党建工作的现状和存在的困境，大力探索双重管理体制下党建工作责任的有效落地，调研组采取文案调研和实地调研相结合的方式，先后深入市、县两级气象部门、局直单位，通过实地考察、走访座谈、查阅资料和问卷调查等形式，进行了广泛深入的调研。

一、双重管理体制下湖北省气象部门党建工作取得的成效

气象部门实行双重领导、部门为主的领导管理体制，行政业务实行垂直管理、由上级部门领导，党建工作实行属地管理、由地方党委领导，单位类型多、数量大，党组织所承担的任务职责也有所不同。前些年，湖北省各级气象部门在各级地方党委和上级党组的领导下，扎实开展工作，努力推进从严治党各项方针，落实党建工作责任，取得了明显成效。

（一）全省各级气象部门党的组织体系日臻完善，各级党组领导作用有效发挥

截至目前，全省 13 个市级气象局、72 个县级气象局均设立了党组。全省气象部门共有党委 12 个（含局直机关党委）、总支 11 个、党支部 164 个，在职党员 1435 名（含编外 95 名）、离退休党员 858 名。多数局直党组织能认真落实“支部建在处（科）室、处（科）长担任书记”工作机制；多数单位都按要求建立了党组、党委/党总支、党支部、党员“四级责任链”。市州气象部门成立了党建和党风廉政建设工作领导小组及其办事机构，建立了联席会议制度，发挥整合力量、统筹规划、组织协调、监督落实的作用。一级抓一级、自上而下抓党建的组织领导体系基本形成，各级党组旗帜鲜明、大张旗鼓抓党建的浓厚氛围基本形成。

（二）全面从严治党主体责任不断压实

强化了压力传导，每年召开全省气象部门党建和党风廉政建设工作会议，将党建工作纳入年度目标考核。省、市、县三级联动，上下借力、同频共振，把管党治党政治责任压力传导到基层末梢。建立了《全面从严治党主体责任和监督责任考评指标体系》。强化了融合意识，探索“两务同查同进”工作模式，党务与业务工作同部署、同检查、同进步，将每月主题党日的重点纳入局务月重点工作计划；提高了规范意识，制定了《湖北省气象局党建质量管理体系》，获中国质量认证中心认证，规范了主题党日活动和党内组织生活；深入推进了“两学一做”学习教育常态化、制度化，构建了以中心组“4＋6＋2”学习模式为龙头带动，以荆楚气象讲堂和处级干部学习为示范引领，以党员基地教育活动为深入推进，以讲党课、干部在线学习和党建 APP 全覆盖为基础保障的全方位、分层次、立体学习教育格局。

（三）党务干部队伍不断充实

2018 年，成立了省局巡察办，配备了 2 名专职巡察人员，优选 5 名专职纪检干部作为省局党组纪检组兼职委员；各市（州）局党组纪检组配齐了专职纪检组长和 1～2 名兼职纪检员，县（市、区）局配备了兼

职纪检委员。下发了《湖北省气象局党组关于加强市(州)气象局专职党务干部配备的通知》,目前13个地市(州)气象局共配备了16名专职党务干部。

(四)与地方党委、纪委协同管理机制初步建立

充分发挥双重管理领导体制优势,高度重视与地方纪委"协同",弥补监督"短板",着力强化"三个主动":主动加强与地方纪委沟通联系。省局党组纪检组主要负责同志主动走访了市(州)、省直管市(区)纪委,相互通报情况;各市(州)气象局纪检组按照要求已走访了90%县(市、区)纪委,主动对接各地纪委工作,进一步推动部门和地方"条块协同"监督执纪。主动融入地方廉政建设工作大局。强化"三个一",即年初要向当地纪委上报工作计划,年终要上报年度工作总结,气象局主要负责人每年要向纪委主要领导当面汇报一次工作等措施,把部门党风廉政建设工作置于当地党委、纪委党风廉政建设和反腐败工作大局中谋划和部署。主动接受地方党委纪委的监督考核。积极推动地方党委、纪委将部门党建工作、文明创建工作和党风廉政建设工作纳入目标考核体系,要求各级气象部门主动接受地方党委、纪委的领导和监督,共同筑牢部门反腐倡廉防线。

(五)强化责任清单,多举措压实监督责任

制定下发了落实全面从严治党主体责任"6+1"和落实监督责任"4+1"考评指标体系,细化、量化主体责任与监督责任清单,拧紧责任链条,督导各级党组(党委)对表调焦、紧跟赶趟落实"两个责任"。垂直整合纪检力量,将监督触角"下沉二级"。省局纪检组负责统一调配使用省、市气象局专职纪检力量,开展巡察、专项清理以及案件查办等监督执纪工作,监督工作"下沉二级、深抓一层",将监督触角延伸到违纪问题易发、多发的县级气象部门,以克服基层纪检力量薄弱的短板,变"分散用力"为"聚合用力"。巡察审计"全覆盖",加大日常监督频次。2015—2018年,对所属17个市(州)局、66个县(市、区)局和10家直属单位全面开展了巡察和审计工作,实现"全覆盖"。针对在巡察、审计中发现的突出问题,在公务接待、津补贴发放、财务票据管理、财务报销及违规使用公车等方面开展专项治理。进一步严肃党内政治生活,坚持正确的选人用人导向,进一步落实中央八项规定精神,坚持不懈地把各项要求和责任落实到日常工作中,严明作风纪律。

此外,各级气象部门党组织适应新形势、新要求、新发展,大力推进党的各方面建设的创新。如气象台开办了"楚心党韵"微信公众号;信息保障中心加强党建工作梳理与总结,按季度编发党建工作简报;气象服务中心发挥"劳模创新工作室"旗帜引领作用,强化支部战斗堡垒作用;武汉市局通过办好"四个课堂"(政治课堂、道德课堂、业务课堂和掌上课堂),增强党员"四个意识";恩施州气象局将党支部作为事业发展的"红色引擎",在气象业务服务中加强党员示范引领;十堰市局开展"十星级党组织""十星级党员"创建活动;襄阳市局积极探索"互联网+党建"管理新模式;孝感市局积极探索党建与气象科普工作相融合机制。

二、湖北省气象部门党建工作存在的主要问题

(一)党组(党委、党总支)的领导作用发挥不够

一是组织体系不健全。部分县市局党组设置不规范。经调查统计,1个市级气象局和21个县级气象局党组由上级气象部门发文成立,不符合《中国共产党党组工作条例(试行)》关于"党组的设立,一般应当由党的中央委员会或者本级党的地方委员会审批。党组不得审批设立党组"的规定。同时,4个市(州)气象局设立了机关党委,9个市(州)局设立了党总支。二是党组班子不健全。除恩施、十堰、黄石3个市(州)局所辖的县(市)局党组成员有3人外,其他9个市局所辖24个县(市)局党组成员不足3人,占35%,导致党组会议无法正常召开,作用无法发挥,民主集中制的决策原则难以真正落到实处。三是

党组(党委、党总支)集体领导机制和议事程序不健全。7个直属单位设置了党委、3个直属单位设置了党总支,但事业单位党的基层组织定位不准确,党委(党总支)建立了议事规则,但执行不到位,党委集体领导机制和议事程序不健全,党对气象事业的领导作用发挥不够。此外,70个县级气象局设立了党支部,但是党组与党支部之间的关系尚未理顺。

(二)党务干部“专职不专”

2018年,各市(州)气象局成立专职党务干部队伍,但队伍良莠不齐、身份混杂。目前,市(州)局16名专职党务干部中,参公身份8人、事业编制6人、地方编制1人、编外1人;8个挂靠人事科、2个挂靠办公室、1个挂靠法规科、5个分属不同事业单位;副调研员2人、正科(主任科员、七级职员)5人、(副科、副主任科员)7人、其他2人。由于专职党务干部没有相对固定挂靠科室或部门,多数人员虽然明确为专职党务干部,但仍承担着大量行政管理或业务工作,导致“专职不专”的现象。省局直属单位、县局未设置专职党务干部。

(三)地方与部门党建工作缺乏有效衔接

由于党建属地化管理,随着中国气象局全面从严治党向下延伸的要求越来越严格细致,逐渐出现两边都在管,但相互之间缺乏有效的协调与沟通,有时候任务重复布置,有时候时间进度不一致,有时候要求不尽一致。一方面存在多头布置增加基层工作负担,另一方面又存在监督落实挂空挡的现象。

(四)党建与业务“两张皮”现象依然存在

由于气象部门是业务性较强的部门,长期以来产生“重业务、轻党建”的现象,认为党建是“虚”的、业务是“实”的,从而使党建工作成了脱离业务工作、失去针对性和目的性的“花架子”。

三、新时代湖北省气象部门党建工作责任落实的对策与建议

(一)牢固树立抓好党建是最大政绩的理念,切实提高政治站位

一是要抓住少数关键,发挥“头雁效应”。牢固树立党建工作是第一政绩的意识,营造全面从严治党的政治环境,坚持领导带头、以上率下。二是要落实“一岗双责”,实现齐抓共管。坚持抓好党建是本职,不抓党建是失职,抓不好党建是不称职。党组书记要做到亲自抓、负总责,班子其他成员要严格执行“一岗双责”,对分管工作范围内的党建负领导责任。三是要建立考评机制,强化监督管理。强化党组织书记抓党建工作成效的考核,全面推行党组织书记抓党建工作述职评议制度。把基层党建工作情况作为评价党组织领导班子和党组织书记政治、实绩、作风的重要标准。

(二)进一步加强组织体系建设,建立横向到边、纵向到底的省、市、县三级管党治党组织体系

一是健全党的领导组织体系建设。重点是规范县级气象局党组设置,加强与地方党委组织部的沟通与联系,力争将所有市(县)级党组设置合理化、合法化。二是加强党组班子建设。在调整领导班子设置时,要将行政班子和党组班子调整一并考虑、一并发文、一并调整。对行政班子党员人数不足的单位,可采取加强培养力度,保留非行政领导职务人员作为党组班子成员,吸纳年轻后备党员进入党组班子等做法,健全各级党组班子。三是健全和规范基层党组织建设。推动市级气象局加快成立直属机关党委,健全市级气象局党的基层组织,完善市级气象局管党治党的职权和功能。四是推动市局专职党务机构实体化。积极探索新时期气象部门管党治党组织体系建设。补齐配强市级气象局专职党务干部,明确挂靠固定的机构和科室,有条件的单位设立独立的党建机构,推动市局党建和党风廉政建设领导小组办公室和纪检组实体化运行。县级气象局在职人员(含长期聘用人员)常态化在20人左右的,设立专职党

务干部岗位；对于没有专职党务干部的县级气象局探索建立分片联合派驻监督机构。五是强化直属单位党委(党总支)管党治党责任。明确直属单位党委(党总支)在直属事业单位中的领导作用，加强“三重一大”等重要事项党委(党总支)会集体研究议事规则和决策程序，建立党委(党总支)领导工作机制。

(三)聚焦主责主业，创新党建工作理念

一是深刻认识基层党建工作服务中心的重要作用。切实落实党建与业务工作“同谋划、同部署、同督查、同考核”，形成与业务工作相互渗透、互相促进的局面。二是深刻认识新形势、新任务对基层党建工作的新要求。充分认识基层党建工作的重要性和党务干部的重要职责，树立理直气壮抓党建、尽心尽职抓党建的思想，强化党建引领，进一步加强与规范组织生活，强化支部战斗堡垒作用，实现党建与业务的深度融合。三是创新党建工作方式，培育基层党建品牌。继续加强党建工作品牌的培育。树立党建工作品牌意识，深入挖掘和探索贴近实际、内涵丰富、群众认可的特色党建品牌。发挥重点带动、以点促面的作用。四是营造创先争优氛围，提升凝聚力和战斗力。通过出台各项政策、搭设各类舞台，为广大党员干部创造干事创业的外部环境，营造争先创优的竞争氛围。

(四)加强条块协同，凝聚党建合力

一是要建立双重汇报机制。建立完善上级气象部门党组与地方工委、纪检组与地方纪委信息通报沟通机制，加强工作的沟通与衔接。二是建立双重反馈机制。通过部门与地方及时沟通与反馈，自觉接受地方党委、纪委和上级党组、纪检组的双重领导、指导和监督，加强部门与地方纪委的沟通与联系。建立完善违纪线索移送机制、案件协查机制、完善问责同步均衡机制和受处分干部的回访教育机制。三是建立双重考核机制。部门党建机构主动加强与地方党建部门联系，将地方党建考评结果作为该基层气象部门年度党建目标完成情况的重要依据。

(五)选好配强党务干部

一是加强党务干部选配，把党务岗位作为锻炼培养干部的平台，有计划安排拟提拔对象先到党务岗位任职，形成一种领导干部人人懂党务的良性循环。二是要建立党务干部与业务干部“双向交流”机制，使党务干部系统掌握本部门的业务知识，业务干部懂党务。三是加强党务干部培训，让党务培训成为一种常态，强化各级党组织书记培训，要有针对不同层次的党务干部组织不同类型的党务知识培训。四是要建立和完善适应新时代的科学考核激励机制，进一步建立和完善党务干部考核机制，科学设置考核指标，实行“双重考核”。

气象部门区域协调发展对口支援工作调研报告

谢璞[1] 曹卫平[1] 赵空军[1] 冷春香[1] 修天阳[1] 余建锐[2] 姚志国[4] 石雪峰[3] 李伟[1]

(1.中国气象局计划财务司;2.中国气象局科技与气候变化司;3.中国气象局人事司;4.四川省气象局)

为深入总结气象部门区域协调发展对口支援工作成效、研究分析新形势下存在的困难和问题,2018年4—10月,中国气象局计财司联合科技司、人事司对2013—2017年气象部门对口支援工作进行了调研。

一、调研基本情况

4月12日,中国气象局计财司下发《关于开展区域发展对口支援调研工作的通知》,明确调研工作安排,下发调查问卷和调查表。调研组针对各施援单位和受援单位的反馈情况作了汇总分析。

4月17—21日,调研组赴江苏、上海气象部门开展调研,实地走访了江苏省气象局、常州市气象局及其所属金坛区气象局和上海市气象局、浦东区气象局。期间,与当地气象计财、人事、业务科技等部门负责同志和部分援派干部,围绕对口支援工作中存在的问题和困难等进行了座谈交流。

5月8日和8月16日,调研组先后在广东省气象局和青海省气象局组织召开对口支援工作集中研讨。两次研讨共邀请9家施援单位和6家受援单位参加,科技司、人事司一同参与,针对如何解决存在的问题、创新工作机制,共享经验和建议。

10月12日,调研组走访了国家发改委地区司对口支援处有关负责同志,了解国家层面对口支援相关政策、地方政府间对口支援工作开展等情况。

二、对口支援工作开展情况

按照中国气象局党组关于加强新疆、西藏及四省藏区气象工作"三个意见"和全国气象部门对口支援新疆、西藏、青海藏区气象工作"三个实施方案"的要求,全国气象部门紧密围绕促进新疆、西藏及四省藏区社会稳定和长治久安总体目标,以改革创新、提质增效、激发活力为主线,举全部门之力开展对口支援工作。除完成中国气象局下达的"规定动作"外,很多施援单位还结合结对关系,主动发挥自身优势增大援助规模,与受援单位签订援助协议,完成一系列"自选动作"。对口支援工作的开展,有力促进了支援双方的交流、交往、交融,推进了气象事业区域协调发展,将短板变成"潜力板",取得明显成效。

(一)积极落实资金援助任务,基层基础设施建设水平和职工工作生活条件明显改善

现行的对口支援资金援助任务总额为3830万元/年,其中,援助新疆2000万元/年,援助西藏500万元/年,援助四省藏区和部分艰苦台站1330万元/年,由计财司下达年度资金援助任务。2013—2017年,各受援单位累计获得部门内各施援单位资金援助2.55亿元("自选动作"占比25%),其中,新疆1.41亿元、西藏4596万元、四川1654万元、云南150万元、甘肃550万元、青海2490万元、黑龙江600万元、内蒙古1100万元、贵州250万元。援助资金的使用坚持"有所为有所不为",重点用于解决基

层气象部门在职和离退休职工生活困难补助、体检、医疗等经费缺口，保持援助工作的聚焦性和连贯性。援助资金源源不断地输入，在一定程度上弥补了受援单位自身创收能力的不足，明显改善了基层干部职工工作生活条件，提高了受援地区基层气象部门基础设施建设水平，提升了综合气象业务能力，为受援单位气象事业现代化发展提供了强有力的基础保障。

（二）多层次选派优秀干部，促进东西部地区人才交流

各级气象部门高度重视对口支援“人力”援助，多层次选派优秀干部人才参与对口支援工作。在国家层面，按照中组部统一要求选派援疆援藏干部；在中国气象局层面，组织开展中短期干部人才挂职交流，开展组团式援藏工作；在支援双方单位层面，互派交流干部人才，密切业务技术交流。施援单位针对受援单位的实际困难和问题，明确每一名援派干部的工作职责和目标任务，开展针对性援助。2013—2017 年，对口交流人员 610 人次，其中，受援单位派出 260 人次，接受施援单位人员 350 人次。干部人才援助工作的开展，促进了东中西部人才和业务技术交流，援派干部向西部地区输入了东中部地区新技术、新理念，为受援地区气象事业发展注入新活力。

（三）开展业务科技援助，助推受援地区业务科技创新

按照“三个实施方案”部署的业务科技援助任务，各施援单位重点针对新疆、西藏及四省藏区气象业务现代化发展亟须解决的问题，针对性提供业务技术和项目支持，涉及气象预报预测、公共气象服务、气象科技应用与研发等多个领域，2013—2017 年，共落实业务科技援建项目 45 个。借助施援单位提供的先进的业务科技平台和手段，受援单位科技创新能力不断提升，创新驱动成果不断显现，解决了很多业务上的核心技术难题。如新疆引入乌鲁木齐城市群空气质量和霾日精细化预报技术项目，联合开展西北干旱区煤烟型城市灰霾的气粒转化过程研究，揭示了霾形成时大气细颗粒物生成瞬间化学转化过程，为城市环境气象预报提供了重要支撑。此外，在业务科技援助的带动下，受援单位培养出一批业务科技骨干人员，增强了主动科研创新能力。

三、需要关注的问题和建议

对口支援工作的开展得到了各级气象部门的大力支持，在部门内外产生了较为显著的社会效益和经济效益，但仍有一些问题和困难，给新时期援助工作提出了挑战。下一步，各相关单位要进一步提高政治站位，克服困难，坚定不移地开展对口支援工作，措施更精准，效益更突出，久久为功，促进西部地区气象事业拓宽发展空间、增强发展后劲。

（一）关于有偿服务收入大幅下滑，对口支援工作资金来源压力陡升的问题

气象部门开展对口支援工作的资金来源于各施援单位的有偿服务收入。在取消“雷评”等中介服务事项前，大多数施援单位有偿服务收入情况良好，为完成“规定动作”和“自选动作”提供了有力支撑。取消“雷评”等中介服务事项后，气象部门有偿服务收入大幅下滑，各施援单位开展对口支援工作的压力明显增大。

对口支援不是简单的资源单向传递，而是支援双方互补共赢发展，施援单位提供援助资源的同时，也在从西部地区气象数据共享、科技合作等方面获益。面对有偿服务收入下滑带来的挑战，建议请各施援单位进一步增强政治责任感，努力克服自身困难，将挑战转化为发展动力，积极拓宽专业气象服务发展渠道，继续不折不扣地落实党和国家、中国气象局党组各项援疆、援藏政策举措。施援的省级气象部门要建立由主管负责同志担任组长的协调机制。请各受援单位进一步增强发展紧迫感，珍惜施援单位“挤”出来的宝贵资源，努力提升自我发展能力，加快缩小与发达地区气象业务先进水平的差距。建议请计财司进一步加强与国家发改委、财政部的沟通，争取中央财政对气象部门对口支援工作的支持，在预

算安排时继续向受援地区合理倾斜。

(二)关于部分援助项目需求对接不充分,预期效益发挥受限的问题

在部分援助项目安排上,受援方与施援方项目援助需求对接不充分、可行性论证不足,施援方实践过的部分优秀案例直接移植到受援方不一定适用,存在“水土不服”的现象。如东部地区援助西藏自治区气象局的“交通气象系统建设”项目,在东部地区密集的气象观测站的支撑下取得较好应用效果,但将系统移植到西藏后,受限于当地气象观测站稀疏等因素,应用效益远低于预期。此外,部分援助项目“重建设、轻运维”,项目建成后缺少相应的运维经费保障,制约了项目效益的发挥。

建议各施援单位和受援单位在对接援助项目需求时,加强可行性、适应性分析,通盘考虑建设与运维经费,注重发挥实际应用效益,避免出现“重建设、轻运维”的情况,提高援助工作的科学性、针对性。请各受援单位合理区分援助需求,对于一些能够通过中央财政项目保障的事项,如台站建设等,优先通过申请中央财政项目解决,将有限的援助资金集中用于中央财政无法覆盖的迫切的合理、合规需求。请各施援单位制定年度援助工作计划,报中国气象局统一备案。

(三)关于援派干部待遇标准不一,工作负担较重的问题

按照中国气象局相关规定,援派干部在原工作单位发放工资,享受原工作单位同类同级人员的各项福利待遇。但在援派干部是否享受受援单位精神文明奖、目标创建奖等福利待遇,是否享受地方政府出台的援派干部福利政策等方面,还缺少细化解释,这也是广大援派干部普遍关注的问题。援派干部往往承担着较重的援助任务和心理负担,在一些受援地区,往往还要承担当地其他硬性摊派任务,难以将全部精力用在业务技术援助上。如新疆气象部门干部职工承担着驻村、“访惠聚”等维稳工作,很多援派干部也投入其中,同时承担援助和维稳等多重任务,在有限的交流期限内难以发挥全部技术优势。

针对援派干部普遍关注的待遇等问题,建议进一步完善细化相关制度规范,加强对各单位援派干部管理的业务指导;加强干部援派前的培训工作,重点围绕民族禁忌、注意事项等内容开展培训。在援派干部期满考核方面,加强中组部、中国气象局选派的援派干部考核工作,并加大对气象部门优秀援派干部及其先进事迹的宣传;各施援单位和受援单位共同做好双方“自选动作”交流人员的考核工作。针对援派干部负担等问题,各施援单位和受援单位积极为援派干部开展援助工作创造好条件,既要充分发挥援派干部技术优势,也要关心关注援派干部工作和生活,帮助解决后顾之忧。如对于援助反恐维稳形势较重地区的干部,施援单位可在规定范围内为其购买人身安全保险等基础保障。

(四)关于对口支援工作开展情况反馈不到位,缺乏整体绩效考核的问题

在下达对口支援相关文件时,中国气象局对“受援方向施援方通报资金使用和项目执行情况”“做好资金使用和项目执行情况监督检查”等作了要求。各受援单位也结合自身情况出台了相应的加强对口支援管理的制度规定。但还存在反馈不及时、不充分及监督检查不到位的现象,部分施援单位不掌握援助资金使用和项目执行情况,甚至未收到过受援单位的通报。2017 年,国家发改委主导对地方对口支援工作开展了第一次全面绩效综合考核。到目前为止,气象部门对口支援工作还未开展过专项绩效考核,且相应的制度流程和指标体系仍不健全,缺少对口支援工作的专项监督检查。

建议落实好对口支援责任分工,加强统筹协调,督促推进业务科技、干部人才、资金项目各项援助工作任务。研究制定《全国气象部门对口支援工作绩效考核管理办法》,明确对口支援工作专项考核流程,规范援助资金的管理和使用。适时开展第一次专项绩效考核,将考核结果与年度目标考核挂钩,向全国气象部门进行通报。研究制定对口支援工作开展情况统计报表,并纳入部门年度综合统计工作,便于及时掌握各单位年度任务完成情况。将对口支援资金使用和项目执行情况列入财务综合检查重点事项。

(五)关于气象工作难以纳入地方对口支援范围的问题

地方政府主导的对口支援工作,依据国家发改委审批的工作规划组织开展。长期以来,气象部门对口支援工作相对独立,与地方政府协同开展较少,气象工作很难在地方对口支援工作中获得支持。一些地方,不仅不能将气象工作纳入地方援助支持范围,地方政府还要求气象部门一同承担地方的对口支援任务。江苏省气象局在争取地方支持方面做了大量的工作,2018 年争取到 40 万元项目支持,但这样的例子凤毛麟角。

地方政府主导的对口支援工作,由受援单位提出需求,施援省提出援助规划,报国家发改委审批,规划中安排确定五年的援助项目。根据以往经验,单纯由施援单位从地方政府援助机构争取对口援助资金十分困难。建议各施援单位和受援单位,特别是受援单位,以地方对口支援项目申报为突破点,积极向地方归口管理部门争取,将气象工作需求纳入地方对口支援工作规划。建议在中国气象局与新疆、西藏及四省藏区所在省人民政府签订的省部合作协议中,考虑将支持气象对口支援工作纳入其中。

关于推进广东更高水平气象现代化建设的调研报告

徐晓君[1]　曹聪[2]　曾琮[1]　蔡晶[1]　余海军[1]　谢青林[1]

（1.广东省气象局；2.广东省政府研究室）

广东省气象局会同广东省政府研究室组成联合调研组赴上海、江苏等地以及省内的梅州、河源两市开展省部合作共建广东更高水平气象现代化工作专题调研，研究提出了加快推进更高水平气象现代化建设的对策建议。

一、上海、江苏等地气象现代化发展总体情况

（一）上海和江苏两地气象现代化工作主要特征

一是注重数值天气预报核心技术研发与运用。上海市成立了区域高分辨率数值预报创新中心，去"行政化管理"，立"任务考核制"，搭建数值预报云平台，向全国各省气象部门、缅甸等提供数值预报数据服务。上海市积极拓展"数值预报＋"应用，在数值预报服务支撑航空气象、海洋气象和健康气象等领域走在全国前列。江苏省发挥区位优势，联合在南京的四所高校，创建了南京大气科学联合研究中心，筹建高性能计算集群，组织开展高分辨率数值模式研发，加强短时临近天气监测预报预警业务，在防御龙卷、冰雹灾害的业务实践中取得好效果。

二是注重提升专业气象服务支撑保障能力。上海市积极引入社会资本，建立混合所有制企业，在远洋导航、气象保险、各类专业服务领域参与国际气象服务市场竞争。江苏省建设交通气象重点开放实验室，完善公路交通气象，并拓展到航运、铁路及城市综合交通等领域，取得了很好成效。

三是注重气象科技高层次人才引进和培养。上海市近5年通过海外人才招聘计划累计引进11名国外知名专家担任专、兼职科学顾问，其中1人为中国气象局特聘专家，引进海归博士、硕士11人。江苏省专门实施"业务科技骨干国际交流培养计划"，近5年派遣15人赴美国（NCAR、NOAA）、奥地利等气象机构进行交流学习。

四是注重提高国民气象科普水平和气象历史文化传承。上海市将各类气象科普教育基地、实训基地融入地方科普馆联合建设，科普基地与学校签约成为学生实践基地，徐家汇观象台成为国内首个开放式AAAA级旅游景区，崇明区的天气谚语被上海市列为非物质文化遗产名录。江苏省建成气象防灾减灾科普场馆（所）近50个，面积近1万平方米，在南京江宁区谷里街道建成首个美丽乡村气象科普互动馆。

（二）上海、江苏等地推进气象现代化工作的经验做法

一是充分发挥省部合作联席会议作用。通过省部合作，双方进一步加强互动、增进理解，从项目立项、资金保障、科技指导等方面予以支持，充分发挥各级政府在发展地方气象事业中的主导作用，调动了双方职能部门支持气象事业发展的积极性，更好推动了气象现代化建设。

二是建立起气象可持续发展的公共财政保障机制。通过构建中央和地方长期、固定的公共气象服务经费投入渠道，形成了公共气象服务发展的良性保障机制。江苏省明确气象部门在职人员津补贴、退休人员补贴执行当地标准，其与中央预算核定安排部分之间的缺口，由当地同级财政解决，纳入年度财

政预算。

三是多层次构筑面向未来的新型人才支撑体系。上海市气象局出台了系列人才激励措施，通过完善以岗位业绩为核心的新型人才评价体系，激发创新动力与工作活力；打通科技人才便捷流动、优化配置的通道；与华东师范大学实现双方人才资源的共享共用。

四是气象科普工作纳入政府基本公共服务内容。江苏省将“气象灾害防御科普覆盖率”纳入江苏“十三五”基本公共服务清单。省政府要求江苏气象灾害防御科普覆盖率要达到90%，由省气象局负责监督落实。自2017年起，江苏省气象局着手打造气象科普众创模式，以网站为载体，引入淘宝商业理念，实现科普资源的整合利用。

二、广东气象现代化工作总体情况和存在的主要问题

（一）广东气象现代化工作总体情况

一是气象服务群众更加满意。人民群众对气象服务总体满意度已连续8年位居广东40个政府公共服务部门前列。通过“应急气象”品牌的10种服务渠道建设，公众可以随时随地获取定时、定点、定量的精细化气象服务。气象服务产品从2011年的32项增加到59项，气象服务涵盖100多个部门和行业。全社会气象知识普及率从2012年的86.62%提高到了99.3%。部门间气象数据共享率达95%。

二是防灾减灾效益显著。气象灾害对GDP的影响率最近9年连续低于0.8%的目标值，因气象灾害致死人数从百位数降至十位数。2018年气象灾害及其衍生次生灾害造成的死亡人数、经济损失较过去5年同期平均值分别下降60%、19%。

三是气象预报水平稳步提升。广东从2012年开始省部共建区域数值天气预报重点实验室，与2011年相比，台风路径预报24小时偏差从113千米减少到78千米，48小时偏差从184千米减少到119千米。

四是体制机制更加完善。全面深化气象管理体制改革进展顺利，45项任务全部完成，基本建立起与气象现代化水平相适应的气象管理体制。

五是重点项目落实良好。通过省部共建气象现代化，“十二五”期间，中国气象局对广东重点项目建设投入共21.2亿元，增幅达133%，广东省各级地方财政投入重点项目建设经费18.94亿元，增幅达81.74%。

（二）广东更高水平气象现代化建设面临的短板

一是南海海洋气象监测、预报和服务能力薄弱。海洋气象灾害监测能力薄弱，离岸300千米以外没有观测站点，300千米以内也仅有14个海上监测站点，整个南海只有6个浮标、9个石油平台观测站，观测资料稀疏，同时海洋气象信息发布渠道和接收手段也与用户需要差距大，这成为防灾减灾工作中的突出短板。

二是气象核心关键技术研究应用能力不足。灾害性天气预警的预见期和准确率不能完全满足防灾减灾需求，台风路径预报的提前量不够，预警信息发布手段和覆盖面仍需拓宽。探测新资料应用能力不足，气象预报还达不到精准定时、精确定量、精细定位，气象灾害影响的评估刚刚起步，与世界先进水平仍有不小差距。

三是气象服务不够智能智慧。公众气象服务不能完全满足人民个性、互动、愉悦的需要，目前公众气象服务依然以普发式为主，定制式个性化服务较少，缺乏适需智慧式服务。专业服务深度不够，缺乏对行业发展、市场发展的针对性建议。气象服务与实体经济发展的融合度不够，不能适应国家供给侧改革的形势和要求。服务社会化水平不够高，气象服务多元提供机制未真正建立。

四是区域发展不平衡不充分问题突出。粤东西北地区气象设施装备和服务水平相比珠三角地区明显滞后。人工影响天气建设方面，各地政府支持不一样，人影标准化作业点建设不平衡。

五是部分地市依法开展气象工作的主体责任意识不强。部分气象灾害防御重点单位主体责任意识不强，防灾减灾能力明显不足，有的地方对《气象设施和气象探测环境保护条例》落实不够到位。

六是全社会气象防灾减灾素养有待提高。全省各个地方对气象宣传和科普工作的重视程度参差不齐，暂无省级气象科普基地。气象科普教材混乱缺乏专业化标准化内容，特别是缺乏能够走进中小学课堂的规范性气象科普书本教材。

七是公共气象事业保障机制不健全。《中华人民共和国气象法》实施 18 年以来，气象事业双重财务保障机制仍未完全形成，中央、地方的气象财政事权与支出责任不明晰，导致地方财政对气象部门人员经费的支持未落实到位。

三、推进广东更高水平气象现代化建设的对策建议

通过调研分析，我们认为，广东更高水平气象现代化建设要始终加强党的领导，主动对标最高最好最优，抢抓广东改革开放再出发的重大机遇，重点把握好三个方面：一是更加注重服务国家和省的重大战略；二是充分发挥省部合作这一重要制度保障作用；三是继续坚持气象体制机制创新。

（一）推动粤港澳大湾区气象融合发展

全面落实《粤港澳大湾区发展规划纲要》，携手港澳围绕重点项目、重大平台、政策创新加强沟通协调，推动出台《粤港澳大湾区气象发展规划》。集约、整合、标准化建设和应用大湾区气象监测、预报预警、网络资源，着力构建保障民生的粤港澳大湾区气象服务体系。以建设世界一流的精细化气象监测预警预报体系、气象科技创新中心和气象成果产业化基地为目标，争取在深圳建成粤港澳大湾区气象监测预警预报中心。围绕破解生态文明气象保障、优质人居环境气象服务、智能装备、精细化智能预报预警技术等跨学科跨领域问题，争取在广州建成气象科技融合创新平台。

（二）提高发展的平衡性和协调性

坚持统筹联动，一体化推进珠三角和粤东西北地区气象业务、气象服务、气象科技和人才工作的均衡发展。积极为实施乡村振兴战略服务，建设现代物候观测网，优先构建贫困地区乡镇全覆盖的气象灾害监测网，强化智慧农业气象服务，提升气象为农服务能力。打造生态文明建设气象服务品牌，积极推进中国天然氧吧申报工作，做好生态脆弱区气象保障服务。继续深化珠三角地区与粤东西北地区智力帮扶，为粤东西北和基层气象发展输入先进的发展理念和管理模式。

（三）加快推进广东“平安海洋”建设

加快南海海洋气象观测系统建设，加密海上气象监测站点，升级改造岸基观测站点，构建沿海、近海、外海一体化、多层次的海洋气象综合观测系统。开展海洋气象观测的高新技术研究，提高海洋气象预报准确率和精细化水平。推进海洋气象服务系统建设，实现预警信息覆盖整个南海。开展有针对性的海洋气象服务，增强沿海群众对台风、风暴潮、海上大风、海雾等灾害性天气防御的能力，实现近海公共气象服务广覆盖、外海气象监测预警补空白、远洋气象保障能力大提升。

（四）推动关键领域核心技术突破

打造具有世界先进水平的国家级区域数值天气预报重点实验室，加强对灾害性天气预报关键技术研究和高分辨率气象数值预报模式研发，推进气象灾害影响预报和风险预警技术研究应用，强化新一代气象卫星资料应用研究，继续研发无缝隙智能网格预报技术，构建智能网格预报“一张网”。加快广东省

气象大数据研究中心、龙卷风研究中心等一批科技创新平台建设。加强高层次领军人才引进和培养，提高核心竞争力。

（五）加快构建智慧气象服务体系

积极融入广东省"数字政府"建设，落实广东"互联网＋气象服务"行动计划，通过建设公众大数据交互式服务系统、高影响行业定制式服务系统、智能应用社会孵化系统、国民气象意识普及系统、大数据混合云支撑系统，全面建成具备"数据云大、共享，服务互动、愉悦"外部表征的智慧气象服务体系，使互联网成为提供公共气象服务的重要手段，实现更便利、更精细、更个性的数字化智能化气象服务。

（六）健全综合防灾减灾救灾体制

建立应急联动气象服务保障机制，加强跨部门业务协同和互联互通，提升综合减灾决策服务水平，为发展精细化的灾害影响预报和风险预警技术提供支撑。继续完善突发事件预警信息发布体系，实现预警信息发布体系和气象灾害风险防范体系相互促进。加快《广东省气候资源利用和保护条例》立法，落实《广东省突发事件预警信息发布标准体系规划与路线图（2018—2022 年）》，切实提高气象防灾减灾工作法治化、规范化水平。落实《气象设施和气象探测环境保护条例》，提高气象观测站网选址建设的前瞻性，在支持地方经济社会发展的同时注重保护气象设施和气象探测环境。

（七）进一步提高气象科普的覆盖面和社会影响力

认真落实《广东气象"十三五"规划》，抓好"互联网＋气象服务"项目的落实，争取建成广东省综合防灾减灾科普体验基地，鼓励各地开展特色气象科普场馆建设。树立"互联网＋科普"理念，加强线上线下气象科普教育；结合国家精准脱贫和乡村振兴战略，通过各种渠道向农民传播气象知识；编制广东气象科普教材，构建气象科普讲师体系。

（八）完善气象部门双重财务体制

在合理界定各级政府气象事权基础上，充分考虑气象工作的业务特点、受益范围，建立与事权相匹配的中央、地方财政预算和投资体系，发展地方气象事业所需的基本建设投资和维持经费由地方各级财政安排，确保建立稳定的基本建设和一般预算投资渠道。规范基层投入保障，将部分适合更高一级政府承担的事权和财权统一上划，强化省级政府在公共气象服务领域的责任；进一步规范省以下事权财权，充分发挥省级统筹能力，促进省内地区间基本公共气象服务均等化。

上海气象事业改革发展顶层设计的实践与思考

董熔　陈杰　宋茜　董国青　董艳燕　陈奇　蒋涛　耿福海　王晓峰

（上海市气象局）

根据上海市气象局党组关于大调研的安排，本调研组先后赴江苏、浙江、安徽三省气象局调研长三角气象工作一体化，赴湖北、四川、重庆两省一市气象局调研了解长江经济带数值预报业务需求和协同发展相关工作，走访了本市有关部门，并深入基层气象部门开展调研，结合气象部门和国家、上海市相关历史经验，形成顶层设计实践与思考调研报告。

一、顶层设计概述

（一）概念

“顶层设计”原系工程学术语，本义是统筹考虑项目各层次和各要素，追根溯源，统揽全局，在最高层次上寻求问题的解决之道。2010 年 10 月，“顶层设计”作为政治名词，首次出现在《中共中央关于国民经济和社会发展十二五规划的建议》中。

顶层设计包含以下基本特征：一是顶层决定性，顶层设计是自高端向低端展开的设计方法，核心理念与目标都源自顶层，因此顶层决定底层，高端决定低端；二是整体关联性，顶层设计强调设计对象内部要素之间围绕核心理念和顶层目标所形成的关联、匹配与有机衔接；三是实际可操作性，设计的基本要求是表述简洁明确，设计成果具备实践可行性，因此顶层设计成果应是可实施、可操作的。简言之，顶层设计的基本特点就是自上而下、统筹兼顾、切实可行。

（二）典型案例

顶层设计的理念和方法早已在改革发展进程中广为应用，不论国家战略、部门规划还是地方改革，都贯穿着大量的鲜活案例。

1.“一带一路”倡议

“一带一路”是“丝绸之路经济带”和“21 世纪海上丝绸之路”的简称，其性质为国家级顶层合作倡议。“一带一路”顺应了世界多极化、经济全球化、文化多样化、社会信息化的潮流，秉持开放的区域合作精神，致力于维护全球自由贸易体系和开放型世界经济，共同打造政治互信、经济融合、文化包容的利益共同体、命运共同体和责任共同体，在时空上视野广阔，在构思上立意高远，凸显了顶层设计“自上而下”的要义。“一带一路”倡议综合考量了政治、文化、民族、宗教等多方面的要素，体现了其作为顶层设计多要素综合统筹的特征。

2. 气象卫星发展规划

气象卫星发展规划的制定和执行是气象部门运用顶层设计理念推进气象事业发展的成功案例。首先是立意高远，确立了到 2020 年建成覆盖国家、省、地、县四级的遥感应用业务体系，气象卫星及应用接近同期世界先进水平的规划目标；其次是综合考量，面向防灾减灾、应对气候变化、经济社会可持续发展和国家安全各方面的需求，在规划与实施过程中也充分兼顾了国家、省、地、县四级的业务应用需求；最后是切合实际，综合考虑未来发展趋势和条件，提出了两个阶段的发展目标。

二、上海气象事业顶层设计的实践与经验

上述案例说明，没有顶层设计，发展即是无本之源。上海气象部门经历了从自发到自觉地运用顶层设计理念与方法的过程，在实践中亦积累了丰富的经验。

（一）实践案例

1. 郊区气象“三点三化”建设

1999 年 12 月 18 日，市政府召开了上海郊区气象现代化建设工作会议。会议通过了《上海郊区气象现代化建设三年规划（2000—2002 年）》，提出了建设“三点三化”的要求。经过 3 年多的努力，全市 10 个区县气象业务在软、硬件建设方面都成效显著。“三点三化”的落地，改变了上海气象事业发展的格局，提升了整个上海气象事业发展的均衡性，并为市区两级气象业务一体化建设打下了坚实的基础。

2. 率先实现气象现代化

2012 年，中国气象局和市政府共同印发《关于加快推进率先实现气象现代化实施意见》。随后，上海市气象局按照实施意见的要求，按照可量化的现代化指标，稳步推进上海气象现代化建设。坚持政府主导，建立气象现代化协同推进机制。坚持国际对标，确保上海气象现代化高水平发展。坚持以业务技术突破为核心，推动气象科技能力现代化。坚持以法制保障为依托，推动气象社会服务现代化。坚持开放融合，把现代化融入国家战略加以推进。通过 4 年多时间的努力，上海市气象局探索出一条“上海风格、中国气派、世界水平、科技引领”的中国特色气象现代化之路，上海气象现代化综合得分为 95.95 分，率先实现了气象现代化，为全国全面实现气象现代化探索出了一系列可复制、可推广的做法和经验。

（二）经验心得

1. 围绕中心，服务大局

尽管在不同历史时期，上海气象事业改革发展面临不同形势，承担不同任务，上海气象事业改革发展顶层设计始终坚持基础性公益事业的定位，始终坚持服务经济社会发展和民生需求，始终坚持围绕气象现代化主线不断提升业务科技能力水平这一主线。上海气象事业改革发展的过程中，既按照中国气象局要求奋力担当好中国气象事业改革发展的“排头兵”，又主动服务于上海经济健康发展、城市安全运行和地方民生需求。

2. 抓住机遇，因势利导

上海气象事业改革发展顶层设计的成功，除了确保正确的方向和较高的立意外，也离不开对时代发展潮流和城市建设脉搏的准确把握，顺应时代的需求，因势利导。只有依赖这种敏感性来发现并抓住机遇、聚集并用好资源，顶层设计才能收事半功倍之功效。

3. 立足实际，分步实现

上海气象事业改革发展顶层设计的另一条重要经验，就是绘就蓝图、分步实施。秉持了实事求是的态度，大胆探索，由物及人、自表及里地实现规划目标。从基本实现现代化，到率先实现现代化，再到更高水平的现代化，体现的是上海气象事业不同的发展阶段；而从设备设施的现代化，到业务流程的现代化，再到制度、理念、文化和人的素质的全面现代化，则体现了上海气象事业改革发展顶层设计内涵的演进路径。

4. 上下联动，双向推进

无论是“三点三化”建设，还是率先实现气象现代化，对基层创新的鼓励和重视都贯穿始终。在气象事业发展许多体制性问题一时难以得到根本性解决的大背景下，鼓励基层大胆探索，在不触碰“红线”的前提下容许试错，对于激发真正有价值的创新是必不可少的。激发基层创新活力，不但能为顶层设计提

供纠偏机制，对于丰富和拓展顶层设计更具有不可取代的价值。

三、上海气象事业改革发展新的顶层设计构想

上海气象事业改革发展新一轮的顶层设计，需要在继承与弘扬以往顶层设计经验的基础上更进一步，做到站位更高、视野更广、聚焦更准、措施更实，在国家和地方发展的大环境中谋划事业发展途径。一是发展着眼点，是核心科技能力，抓住上海建设具有全球影响力的科创中心的契机，引入以IT领域新兴科技为代表的各类最新相关科技成果，提升上海气象科技自主创新能力和核心竞争力。二是价值落脚点，是服务保障水平，具体而言就是上海气象事业改革发展必须服务国家战略、促进地方发展、顺应民生需求。

（一）持续深入推进上海智慧气象先行先试工作

一是进行智慧气象业务运行机制改革。以业务流程再造为抓手，主动适应云计算、大数据、物联网、人工智能等新型信息化技术与气象业务深度融合的发展趋势，改革业务布局，重构业务流程，建立适应智慧气象业务发展的运行机制。构建集约化的新型业务布局，整合业务功能和人员，构建气象数据中心、智能预报中心、突发事件预警中心三大业务功能版块；重构扁平化业务流程，打破流水线式的传统业务组织方式，建立基于大数据应用平台，线上和线下紧密融合、任务和岗位快速适配、具有自我学习改进和全程可追溯功能的新型业务流程；完善标准化业务质量管理体系，在智慧气象全流程中导入符合ISO质量管理要求的标准化管理体系模式，在自动化感知、大数据平台、智能预报预测、普惠气象服务等各个领域均实现标准化管理。

二是进行智慧气象科技协同创新体制改革。以智慧气象核心技术突破为抓手，对内着力推进核心机构重组，对外推进智慧气象创新中心建设，依靠“融合”壮大规模，依托“激励”强化实力，尽快形成开放式发展、多元化投入、产学研用一体化运行的新型科研运行机制。联合上海超算中心、中科曙光信息产业股份有限公司，共建“上海超大城市智慧气象创新中心”，纳入上海张江国家科学中心协同创新网络；建立开放式发展、多元化投入、产学研用一体化运行的新型科研运行机制；引入众创、众包机制，建立智慧气象区域协同创新开放式组织体系；依托区域气象科技协同创新体系，吸纳部门内外优势科研资源，建立适应智慧气象业务发展需求的新型“研用”关系；探索建立核心单位联合相关研究院所、高新企业、投资公司等加盟组成的“上海智慧气象科技创新联合体”；拓展多元化投入机制，探索资本市场支持科技创新的新渠道。

三是进行气象服务社会化改革。以气象数据开放应用平台建设为抓手，建立数据开放政策和应用机制，引入社会多元资本建立产业引导基金，形成开放、安全、高效、活跃的气象服务市场发展环境。建立智能化公共服务云平台，面向公众提供统一的气象基础资料与产品，建成公益性气象基础资料与产品开放共享服务平台；建设智慧气象众创空间；以远洋导航、保险等领域为重点，开展气象大数据应用示范平台建设；建立气象服务市场良性运行激励机制，围绕数据开放应用平台，建立气象数据开放和应用政策体系；围绕市场培育，建立多种资本构成的产业引导基金。

（二）推进长三角气象一体化发展并牵头建立长江经济带数值预报联盟

一是以长三角一体化国家战略为指引，积极推进长三角气象事业一体化发展。在长三角城市群综合观测试验前期成果基础上，依托江、浙、皖各省气象观测站，开展多要素垂直协同观测和快速推送共享，打造信息化水平、智能化水平更高的气象业务平台；促进专业气象服务中心的集约化运行，开展环境气象、交通气象、旅游气象、海洋气象、生态气象等专业气象服务，产出更高质量、更加智慧的气象服务产品，推进长三角气象服务市场一体化；研发科学的技术方法、评估指标和规范流程，建设可复制、可分享的业务服务研发、输出、应用机制，实现业务能力的提质增效，为长三角城市群更高水平更高质量的经济

增长及建设提供基础支持；整合长三角地区气象部门的技术和装备优势，充分发挥区域中心组织协调的作用定位，开展分工协作，推动协同创新；通过学术交流、项目合作等形式，探索人才、科研更深层次的一体化进程，建立长三角气象一体化工作平台，确定重点任务，打破行政边界，释放人力成本，集成可用资源，促进智能预报、智慧服务的新突破。

二是建立包括由华东、华中、西南区域共15个省（区、市）以及3个计划单列市气象部门组成的长江经济带数值预报联盟组织架构。围绕区域数值预报、数值预报应用、高性能计算和优化等重要领域的关键技术，搭建模式集中研发平台，联合长江流域气象部门，组建核心团队。重点聚焦突发性、灾害性天气，共同发展和改进预报范围覆盖整个长江经济带地区的中尺度模式系统；结合各区域特点，选择合适技术路线，研发和改进快速同化更新短临预报系统；大力发展有效适用、基于当地地域特点的模式后处理系统，提高模式对精细化智能网格预报的支撑能力；建立标准化的运行模式和检验流程，确保业务系统的一体化衔接与发展。建立长江经济带技术共同体的协同制度体系，开展包括观测、数据、开发、预报、检验、应用、科研等覆盖各流程业务环节的省际合作，建立包括联席会议机制、成果共享机制、激励评奖机制、技术交流机制等在内的保障机制。

重庆市气象部门干部队伍建设和人才队伍培养调研报告

顾建峰　段绸　文丘　曹红丽　张守凯　印鹏　傅昭君　陈仁春

（重庆市气象局）

按照2018年重庆市气象局党组重大调研工作要求和调研计划，调研组采取问卷调查、座谈研讨、实地考察、综合分析等方式，对全市气象部门干部队伍建设和人才队伍培养情况进行了调研。

一、全市气象部门干部队伍现状（截至2018年11月）

（一）党组管理领导干部总体情况

市局党组管理干部共129人，其中：正处级领导37人、副处级领导75人、正科级领导17人。

学历情况：博士研究生7人，占比5.4%；硕士研究生7人，占比5.4%；本科109人，占比84.5%；大专及以下6人，占比4.7%。

职称情况：正研6人，占5%；副研48人，占37%；工程师64人，占50%；助工及以下11人，占8%。

专业情况：大气科学71人，占比55%；计算机等23人，占比18%；其他理工类10人，占比8%；财务8人，占比6%；其他文科类17人，占比13%。

年龄情况：平均年龄为45岁。≥55岁的18人，占比14%；45～54岁的53人，占比41%；35～44岁的54人，占比42%；<35岁的4人，占比3%。

（二）组织体系建设情况

党组配备：全市气象部门共34个区县气象局，30个区县局成立了党组，4个未成立。

党组成员配备：20个党组配备了党组成员，其中14个已配齐党组成员。

（三）干部培训教育培养情况

教育培训：近两年参加中国气象局党校培训5人次；举办4期理论培训班，培训领导干部262人次。针对干部的知识空白、经验盲区和能力弱项，开展专项培训。采取“自培＋送培”“线上＋线下”模式，分类实施领导干部、专技人员、一般干部培训，近两年统筹培训干部1300余人次。

以干代训：紧紧围绕重庆智慧气象“四大系统”、积极融入国家和地方重大发展战略和中心工作，以“干”促“进”，选派优秀干部参加上挂下派、东西部交流、精准脱贫近60人次。

培养使用：制定出台遴选办法和异地交流干部待遇政策等，畅通从基层选拔优秀干部的机制。近两年提拔重用敢担当善作为的干部28人次。

二、全市气象部门人才队伍现状（截至2018年11月）

重庆市气象部门人员总数为1187人，其中国家编制710人、地方编制121人、编外人员356人。

（一）国家编制人员情况

学历结构：研究生学历 148 人、本科学历 458 人、大专及以下学历 104 人。具有本科及以上学历的约占国家编制总数的 86％。

职称结构：全市气象部门正研级高工 12 人、副研级高工 161 人，工程师 387 人，助工及以下人员 150 人。具有中级及以上职称的人数占国编人员总数的 79％。

（二）地方编制人员情况

学历结构：博士研究生 1 人，硕士研究生 24 人，本科 93 人，大专及以下 3 人。本科及以上学历人员占地编人员总数的 98％。

专业结构：大气科学及相关专业 60 人，占比 50％。电子信息与计算机类 19 人，其他专业 38 人，地球科学相关类 4 人。

（三）编外人员状况

人员构成：共有编外人员 356 人，其中直接签订劳动聘用合同的编制外人员 212 人，占比 60％；劳务派遣人员 144 人，占比 40％。

规模结构：市级各单位编外人员 103 人，占全市编外人员数的 29％。气象服务中心、防雷中心编外人员数均已超过国家编制人数。区县局编外人员 253 人，占全市气象部门编外人员的 71％。编外人员数量超过国编人员数量的单位 5 个。编外人员人数≥10 人的单位 8 个。

学历分布及专业结构：硕士研究生 1 人，本科 148 人、专科 73 人、中专及以下 134 人。本科及以上学历人员占编外人员的 41.9％。编外专业分布较分散，相对集中的专业为电子信息、计算机类和大气科学类，分别占 9％和 8％。

三、主要特点及问题

（一）主要特点

一是党组管理的干部职称稳中有升、学历基本持平。近五年来，干部工程师及以上、高工及以上职称逐年提高。本科及以上、研究生及以上学历基本保持不变。二是优秀年轻干部提拔比重加大。近两年来，在市局党组的大力倡导下，一些年轻干部干事创业的热情逐渐被激发，通过历练，得到提拔。2017—2018 年共提拔 28 名干部，其中“70 后”干部 26 名，占干部提拔比例的 93％。三是人才建设总体评价较满意。调查问卷结果显示，人才队伍建设满意率超过 60％，总体处于较好水平。四是国家编制、地方编制人员学历、职称层次普遍提高。与 2014 年相比，国家编制人员本科及以上学历占比从 77％提高到 86％，提高了 9 个百分点；中级及以上职称占比从 67％提高到 79％，提高了 12 个百分点。地方编制人员本科及以上学历占比从 92％提高到 98％，提高了 6 个百分点。五是外聘人员聘用方式不断优化，劳务派遣人员占比明显提高。单位自聘编外人员逐年下降，2014 年以来从 322 人逐年下降至 212 人。由全部为单位自聘逐渐调整为 40％为劳务派遣。

（二）主要问题

一是干部素质和能力与新形势新要求有较大差距。问卷调查显示，认为单位领导干部存在的主要问题占比前三，分别是领导干部理论水平不高、管理服务水平有限（42.65％），民主集中制执行不够好、团结协作不够（20.07％），责任心不够强、作风不够务实、效率低（14.34％）。在调研中也发现，大多数领导干部认为自身存在“本领恐慌”，在融入地方发展、气象核心技术升级、气象业务成果转化、深化事业单位改革、调动职工干事创业积极性等方面思路还不宽、方法还不多，在正确处理政治与业务关系的能力上还有欠缺；部分单位的主要领导还存在作风不够民主，班子决策议事程序不规范等问题；有些单位的领导政治站位不高，习惯于应付交办工作，满足于现有成绩，推动气象事业科学发展的担当作为、攻坚克难的精神还有待增强。

二是干部队伍建设仍未到位。①领导班子配备不齐比例仍较大。市局 4 个内设机构、2 个直属事业单位、1 个地方机构领导班子未配齐，分别占应配数的 40%、25%、50%。34 个区县气象局中 18 个领导班子未配齐，占应配数的 53%。②干部年龄结构分布不够合理。干部的年龄分布不均衡，不利于形成年龄的梯次配备，不利于实现不同年龄段的最佳组合。且近五年来，党组管理的领导干部的平均年龄由 43 岁逐年上升到 45 岁。45 岁以下领导干部人数由 77 人下降到 58 人。党组管理的干部最年轻的为 1986 年出生，35 岁以下干部仅 4 人。

三是高层次人才匮乏，整体队伍素质与发达地区相比差异大。①正研数量一直低于全国平均水平，且有逐年下滑趋势。2017、2018 年因连续两年新增人数居全国倒数，近两年排名从 21 位下滑到 27 位，下降 6 名。②人才政策与东部发达地区及本地区有关部门相比差异较大。如上海市气象局今年来陆续出台了《“光启高峰人才计划”实施办法》《气象科技成果奖励办法(2018 年修订)》等政策，天津市气象局也在与天津市的部市合作协议里明确了人才相关优惠政策。重庆邮电大学也有一些积极的探索，如建立以“代表性成果”为导向的职称评价机制、科技转化奖励等。相比之下重庆市气象部门对于人才方面的政策不够大胆、相对滞后。③气象科学技术拔尖人才、气象科技服务与产业带头人与气象现代化建设的需求还有较大差距。目前仅有 1 名同志入选中国局的“双百计划”，正研级高工仅有 12 名。国内气象及相关学科领域有较高造诣、竞争能力强、具有国内先进水平的学科带头人相对缺乏；气象服务、科技产业项目输出较少。

四是市县两级人才队伍发展不协调，区县人才结构不够合理，队伍整体素质不适应事业快速发展的要求。主要表现为区县局在职职工学历层次总体偏低、局高级专业技术人才匮乏、时空分布不均衡等等。

五是干部人才培养方式不够精准。①干部交流轮岗力度还不够大。调查显示，在培养方式上，“有计划地交流轮岗”和“到上级部门或下级部门挂职”得到较多认同。但全市的干部交流轮岗力度还不够大，在同一岗位任职或从事工作五年以上的干部职工大有人在，容易出现工作上没有新动力、按老经验办事、不思进取等现象。②培训调研机会不够多、效果不够好。调查显示，“开展专业知识培训”“到先进省市县学习或出国学习”“到上级机关有关部门跟班学习”占据专业技术人才培养方式的前三位。市局虽然加大了专业职工培训力度，但培训的效果与预期还有差距，同时，到先进省、市、县学习和到上级机关有关部门跟班学习的机会还不够充足。

六是对干部人才的关心激励机制还有待进一步加强。对援藏、脱贫攻坚、在急难险重环境“墩苗”历练的干部的关心激励措施还不够。地方编制与国家编制、公务员编制与事业编制等不同身份的工作人员之间仍存在交流障碍。

七是干部人才工作信息化水平较低。干部人事工作中新技术运用不够，信息化程度较低，人员基础信息更新慢，干部人才库维护困难，时有信息错漏现象，数据统计、分析占用大量精力，难以保证质量和效率。

四、原因分析

(一)干部职工观念守旧、内生动力不足、担当不足

气象部门部分干部职工自我加压不够，忽视知识更新，漠视形势变化，习惯于凭想当然，习惯于靠老经验、老办法办事，等靠要思想严重，管理能力与专业水平都与时代发展要求格格不入。

(二)干部交流未得到足够重视

总体来看,全市气象部门对轮岗工作的作用认识不够,干部职工特别是一般职工的轮岗没有形成制度化。

(三)培养锻炼干部人才的视野不够宽、方法不够多

气象部门的干部往往局限于专业、局限于岗位、局限于部门内部流转,而忽视了与其他专业、其他岗位、地方相关部门的横向交流。

(四)服务人才的意识不够强、措施不够实

近年来,虽市局陆续出台了一些人才激励和考核措施,但现有人才政策还远不能满足人才成长、扎根的需要。

(五)干部人才考核、奖惩的针对性不够强

目前的干部培养、考核办法还不同程度地存在"一刀切"和"吃大锅饭"的嫌疑。干部、人才的奖惩机制还不够有效,干部"下"与"出"的通道还不够畅通。

五、对策建议

(一)强化教育引导,筑牢思想根基

一是充分利用党组中心组学习会、民主生活会、主题党日活动和集中学习会等多种形式加强政治理论学习,强化党性修养,引导广大干部人才养成"时常充充电、补补钙"的习惯,深刻领会新时代、新思想、新矛盾、新目标对气象事业发展提出的新要求,做到"两个坚决维护",把"四个意识"内化于心、外化于行。二是以新时代改革发展对气象干部提出更高要求为目标,以智慧气象建设为抓手,进一步深度融入地方发展,强化事业感召,努力激发干部人才干事创业的内生动力。

(二)大力培养选拔优秀年轻干部,鲜明树立重实干重实绩的用人导向

一是花大力气跟踪培养。建立年轻干部成长档案,逐人提出培养方向,坚持跟踪培养,帮助他们找准弱项、补齐短板,促进他们提高解决实际问题、处理复杂矛盾和做群众工作的能力,使他们尽快成长。二是大胆提拔使用。坚持好干部标准,大胆使用符合条件的个性鲜明、坚持原则、敢抓敢管、不怕得罪人的干部,优先提拔使用援藏援疆、脱贫攻坚、主动到基层艰苦地区挂职、在急难险重环境历练并表现突出的干部。三是鲜明用人导向,使能上能下成为常态。

(三)提升干部能力,激励干部担当

一是"借鸡下蛋""借船出海",逐步建立精准干部培养体系。加强与中国气象局干部培训学院和市委组织部、党校等地方培训机构的合作,努力打造重庆气象干部培训精品课程。二是以干代训、以干代培,建立干部人才培养平台。以急难险重任务、脱贫攻坚工作为抓手,加大上挂下派、东西部交流和与地方部门的横向交流,注重培养储备优秀年轻干部,形成鲜明导向引导广大干部职工新时代新担当。三是有来有往,有进有出,建立完善轮岗交流制度。加强干部跨单位、跨条块、跨领域交流,加大领导干部及一般职工的交流轮岗,进一步优化干部队伍年龄结构,使领导班子发挥更大合力。四是好中选优、优中选强,统筹用足职数,优化干部人才晋升渠道和路径。五是雪中送炭、锦上添花,落实好"三必访五必谈",建立援派干部和易地交流干部回访慰问机制,为敢于担当、善于担当的干部撑腰鼓劲。

（四）践行“近悦远来”，抓好统筹发展

一是加强引导，树立先进典型，使专业技术人才有更多的“获得感”，进一步激发人才热爱气象、奉献气象的情怀。二是以智慧气象技术创新团队为抓手，以“工匠精神”为目标，“培优育强”存量人才队伍，出台人才培养计划，强化全流程跟踪培养考核，进一步催化青年骨干人才历练成长。三是积极学习借鉴、探索人才政策，完善人才相关配套措施，使急需高层次人才引得进、留得住、用得活。四是加强探索，积极探索不同身份人员之间的互相交流，使各类人才人尽其才。

（五）改进监督考核，强化结果运用

一是稳步推进事业单位绩效工资改革，鼓励多劳多得、按劳分配。二是完善干部人才评价考核机制，坚持事业为上，精准科学选人用人，大力营造干事创业的良好氛围。三是探索建立人事与巡察、审计、信访等工作定期沟通机制，精准研判干部的状态和业绩，将发现的问题纳入干部人才的监督考核工作中。

（六）打破信息孤岛，提高智能水平

一是完善干部人才档案信息化，完善干部人才信息。二是探索加强与计财、纪检、党办等部门在非涉密信息方面的共享使用，提高信息资源的整合力度和使用效率。

内蒙古自治区决策气象服务与气象助力精准脱贫调研报告

何孟洁[1,2]　廖军[1]　李朝生[1]　梁科[1]

（1. 中国气象局应急减灾与公共服务司；2. 中国气象报社）

党的十九大报告提出，提升防灾减灾救灾能力，实施乡村振兴战略，并将精准脱贫作为三大攻坚战之一加以部署。近年来，在党中央、国务院和各地党委、政府的鼎力支持下，中国气象局结合脱贫所需和气象所能，以高度的政治责任、社会责任助力精准脱贫，致力防灾减灾，倾力服务"三农"，不断加大对内蒙古突泉县的定点帮扶力度。为深入推进气象助力精准扶贫工作，切实发挥气象减灾增效的双重作用，2018 年 4 月中旬，中国气象局应急减灾与公共服务司组织调研组，赴内蒙古自治区开展了决策气象服务与气象助力精准脱贫专题调研。

一、调研基本情况

（一）决策气象服务业务现状

1. 强化顶层设计，坚持"一把手工程、一盘棋思想、一股绳合力"

树立"底线思维、精准思维"，自治区气象局先后出台印发决策气象周年服务方案、决策气象服务中心运行方案、雨雪情业务规定、省级决策服务启动标准、《内蒙古气象局决策气象服务质量考核办法》、《内蒙古优秀决策气象服务材料评选和奖励管理办法》等业务流程和规范，组织印发《内蒙古自治区气象局决策气象服务提质增效行动计划》，推动全区决策气象服务提质增效。目前，全区决策气象服务按照小实体、大网络的组织结构运行，自治区决策气象服务办公室挂靠自治区生态与农业气象中心。现有 4 名业务人员在 5 名首席气象服务专家审核把关下专职从事全区决策气象服务工作。全区各盟市气象部门建立近 40 名精通业务、经验丰富的决策气象服务人员队伍。

2. 推动资源整合，打造全区决策气象综合服务系统

依托山洪项目开发三级共用的全区决策气象综合服务系统建设任务，实现决策气象服务系统、服务网和手机 APP 深度融合，于 2018 年 5 月实现全区试运行，有效推动决策气象服务的科学化、流程化发展。近两年来，围绕森林草原火灾、东部地区持续性干旱、青龙山极端暴雨、赤峰龙卷风等灾害性极端天气以及自治区成立 70 周年庆祝活动、联合国防治荒漠化会议等重大活动，制作和发布气象服务专报、专项气象服务产品、雨情报送等 600 余份产品，先后获得自治区李纪恒书记、李佳副书记批示。

3. 夯实能力建设，推动预警"发布一张网、基础支撑一朵云、决策指挥一张图、靶向发布一键式"

按照突发事件预警发布能力提升要求，自治区发改委总投资 1788 万元建设自治区突发事件预警信息发布系统，纵向全贯通、横向全覆盖、监控全流程、数据全要素、渠道全整合。目前已完成场所、硬件集成、软件开发、标准规范的分项验收以及档案的预验收，实现了与国家突发事件预警信息发布系统、自治区三级一体化预报业务平台无缝对接，完成了短信、显示屏、大喇叭、电子邮件、微博、微信、预警收音机、手机客户端、网站和传真等发布手段的对接。建成内蒙古广播电台气象直播间，锡林郭勒盟与政法委合作构建"草原气象 110"，呼伦贝尔市政府投资 1000 余万元建设市、县两级气象灾害预警信息发布平台。2018 年进一步优化完善自治区突发事件警信息发布系统功能，加快各委办厅局、三级气象部门推广应

用及向苏木乡镇部署应用,不断加强对平台运行的监控与评价。

(二)气象助力精准脱贫进展情况

1. 集约资源,项目带动智慧扶贫

通过地方财政、三农专项等多渠道筹集资金,建设基于CIMISS数据库的自治区、盟市、旗县三级一体化的智慧农业气象服务平台,实现农业气象数据采集、监测分析、预报预警、评估、保险指数等服务产品的制作;建设农牧业气象服务网站和手机APP客户端,实现基于位置信息的一键式查询、显示与分析及用户与专家互动交流等功能。针对中国气象局定点帮扶内蒙古突泉县,统筹"三农"服务专项、山洪预警工程、台站综合改善等项目累计投入资金1306万元;协调兴安盟落实人工防雹"十三五"发展专项资金1838万元。新建、升级自动气象观测站、农业气象观测站、负氧离子站等总计64台(套),建成农业气象服务业务平台,开展设施农业、逐村匹配玉米适宜种植品种和搭配品种、扶贫龙头企业紫花苜蓿种植等专题特色气象服务。研发三级智慧农牧业气象服务平台,建立基于"互联网+"网站、手机APP的智慧农牧业气象服务体系。开展设施农业"保姆式"服务,建立不同结构大棚气象预报模型,研制11类作物、14种果蔬和主要农业气象灾害指标。针对不同作物和灾害天气,按照大棚结构和作物自动制作产品,实现基于位置、作物、影响和风险分类"靶向式"发送预报预警和服务提示。

2. 综合施策,融入地方建设助力脱贫攻坚

为突泉县2万建档立卡贫困人口购买保险用于发展畜牧业等申请产业扶贫放大贷款。通过"借羊生羔"项目提供风险保证金、补助圈舍和果园建设、消费帮助扶贫产业等措施,2017年共帮助46户87人脱贫。建成突泉突发事件预警信息发布平台,实现多种发布手段直接接入预警信息发布系统和一键式发布,县、乡镇政府及相关单位、行政村驻村第一书记、灾害防御责任人和信息员预警信息全覆盖。将188名贫困村第一书记、驻村干部和贫困户纳入"12379"发布群,通过微信党群"心连心"使气象服务信息进村入户。盟气象局本地化应用公共气象服务中心"精细化多模式集成预报产品",针对重点嘎查村、学校、主要交通干线、河流和山洪地质灾害易发区,实现预报预警精准到村,按影响区域靶向精准发布到户。配合全域旅游发展战略开展气象服务,突泉县和阿尔山建设3套负氧离子监测设备,协助阿尔山市政府"中国天然氧吧"建设。针对57个国贫和区贫旗县太阳能、风能资源专项评估报告,得到各级党委政府高度重视。

3. 开拓创新,积极发展农业保险气象服务

内蒙古自治区气象部门自2007年开始为保险机构服务,主要方式包括提供灾害证明、向保险部门提供灾害预警信息、参与进行减产率认定等。2012年起,采用定量化评估和多源数据应用技术,实现新突破。2012年,巴彦淖尔市6·25暴雨洪涝灾害农业损失定量化评估,填补了全国气象部门灾害评估的空白;2013年,利用天气雷达与卫星遥感资料评估冰雹灾害,开创了全国气象部门应用多源数据评估灾害的先例,为转型升级提供了有力支撑。2014年以来,通过与鼎信公估、人保、安华保险等公司合作,业务服务水平得到快速提升。作物种类涵盖夏秋作物,灾害种类扩展到旱灾、风灾、水灾、雹灾及作物病害,服务市场除覆盖内蒙古之外,发展到河南、辽宁、吉林、黑龙江、安徽等省。鄂尔多斯市政府2017年发文明确气象部门作为草原干旱灾害监测评估的第三方机构,为灾害发生后的理赔提供科学依据。

4. 健全机制,助力贫困地区现代农业生产

内蒙古自治区、12个盟市和89个旗县政府全部成立气象为农牧服务和气象灾害防御工作领导机构,1030个苏木乡镇(街道)成立气象灾害防御领导小组,覆盖率达95.5%。10个盟市和61个旗县政府将气象为农牧服务纳入公共服务发展规划或公共服务体系,盟市和旗县将6952.79万元纳入公共财政预算。8个盟市、73个旗县联合农牧林水等部门成立为农服务专家联盟,联盟专家达到629人,"互通式"信息共享机制基本形成。气象、林业、森警三位一体的防扑火模式被自治区政府、国家林业局、森警总队高度认可。全区气象部门在试验示范的基础上,示范推广麦后移栽向日葵、节水灌溉、干草调制、牧草青微储以及设施农业二氧化碳施肥等农牧业适用技术 7 项，总计推广面积 696.86 万亩*，为农牧民增加收入 93862 万元。

二、基层决策气象服务与精准脱贫气象服务薄弱环节

（一）决策气象服务运行机制、服务标准尚待建立健全

党和国家机构改革对决策气象服务的需求更多、要求更高，分灾种分层级的需求更加突出。在工作机制方面，决策服务产品标准化程度不高，自治区决策气象服务三级联动、部门协同的工作机制有待优化。国省之间缺乏常态化的良性互动，上下沟通不足、横向联系不畅的问题比较突出。在服务质量方面，对经济社会的热点问题的关注考虑仍不够充分，缺乏战略性、全局性的综合决策支撑服务材料，决策气象服务材料的针对性、实用性有待提升。

（二）突发事件预警信息发布“最后一公里”问题尚待解决

当前基层预警信息发布仍然是整个预警信息发布体系的薄弱环节。电视、广播等手段可以解决覆盖面的问题，但尚缺乏直接面向基层、精确到户到人的骨干预警信息发布渠道，尤其是面向偏远农村及山区、牧区的预警传播能力仍然不足。从基层气象信息员队伍来看，各相关部门在基层安排气象信息员、群测群防员、食品安全协管员、应急救援员等基层信息员队伍，但就灾害防御体系而言在业务上并未实现充分融合。

（三）精准扶贫精细化气象服务水平尚待提升

基层贫困地区气象部门资金、人才缺乏，气象灾害监测预报预警服务能力不足，精细化、智能化气象服务程度不够，气象扶贫发挥的作用还有待加强。亟须进一步加强气象防灾减灾能力建设，尤其是在农业防灾减灾方面，分析评估产品定性多、定量少，资料共享、信息化、标准化处理等方面存在不足。针对旅游和交通气象服务，提升服务县域经济能力有待于进一步加强，基层人才队伍机构和人才素质需要优化和提高，农牧业气象科研成果转化率低。

三、关于加强决策气象服务供给侧改革和气象助力精准脱贫工作的启示与建议

（一）健全分层级分灾种分用户的决策气象服务供给体系

精准把握需求，聚焦国家战略发展需求，适应党和国家机构改革，主动对接部门，强化沟通走访，进一步健全机制、理清职责，提高决策气象服务产品内容质量和报送时效，围绕以呼伦湖、岱海、乌梁素海，在生态环境保护建设领域强化沟通完成决策分析报告，主动“端菜上门”，进一步传播气象声音，提升气象话语权。优化服务产品，根据地方实际情况和党委政府需求，开发适应本地的决策服务信息系统，提升业务技术能力。针对不同部门决策服务需求，为各部门提供定制化、模块化的决策气象服务信息保障支撑。精准培育用户，构建以用户为中心的决策服务协同机制和应用评价反馈机制，做好面向政府与应急责任人的预警信息快速准确发布工作，面向应急救灾及企事业单位开展基于影响的预报预警，支撑各级政府组织防灾救灾的决策指挥过程。

---

* 1 亩≈666.7 米^2，余同

(二)强化基层防灾减灾信息发布资源整合

健全信息发布机制,在气象预警信息发布系统建设、运行、效益、应用等四个方面持续发力,推动政府出台完善突发事件预警信息发布相关标准与制度,整合社会公共数据信息资源与发布渠道,健全完善机制,建立相关标准与技术方案,完善加强信息报送和通报机制,推进与不同部门、不同领域深度合作。探索融合式预警信息,探索以灾害事件为线索联合发布针对事件的预警信息,并给出应急处置措施,乡镇村屯等基层单位接收的预警信息实现"去专业化",对基层防灾减灾工作更具有显示意义。拓展信息发布渠道,充分利用移动互联技术,畅通三大运营商短信发布绿色通道,借助新闻媒体等社会力量,丰富预警信息传播渠道和发布手段,提高社会影响力。

(三)强化定点帮扶助力脱贫攻坚

围绕突泉县经济社会发展和气象防灾减灾需求,将中国气象局对口扶贫与突泉产业扶贫措施相结合,重点鼓励、推动企业带动贫困户就业或发展庭院产业。发挥气象减灾避害作用,深化突泉县"两个中心"建设,推进部门协同和联动合作,进一步优化完善突泉县突发事件预警信息发布系统,推动横向与政府主导的"智慧突泉"深度融合,纵向与自治区突发事件预警信息发布平台无缝对接。深挖气象趋利增效功能,丰富完善县综平台气象为农服务功能,聚焦种养结构调整融合式开展精准气象服务,通过气候资源开发利用、保障生态文明建设、深度融入乡村旅游、增加农产品附加值等工作,多角度拓展脱贫渠道,释放更多的气象"红利",带动贫困地区加快脱贫步伐。

进一步加强新时期江苏气象宣传工作的调研报告

杨金彪　曹颖　石荣光　姜爱军

（江苏省气象局）

气象宣传工作是党的宣传工作的有机组成部分，承担宣传党和国家方针政策、气象事业发展成就，传播公共气象服务信息，普及气象科学知识和弘扬气象文化精神的职责。气象宣传工作是推动气象部门落实党中央、国务院重大部署的关键环节，是支撑气象事业改革发展的重要力量，是提升公共气象服务效益的有效途径，是促进全民科学素质提升的必要抓手。

习近平总书记在全国宣传思想工作会议上的重要讲话对做好新形势下党的宣传思想工作作出重大部署，是指导新形势下党的宣传思想工作的纲领性文献。第六次全国气象宣传科普工作会议在南京召开，中国气象局党组出台加强气象宣传工作的意见，要求全面贯彻落实中央精神，完善宣传工作机制、突出宣传工作重点、强化宣传能力建设，营造关注、理解、支持气象的良好舆论氛围，构建融合新理念、新技术、新媒体的气象大宣传科普格局。

本调研报告在总结江苏过去气象宣传工作成绩的同时，通过省、市、县气象部门以及有关省气象部门调研进一步分析当前江苏气象宣传工作存在的问题和不足，提出下一步工作的对策和建议，希望通过此调研，进一步推动江苏气象宣传工作，为江苏气象事业改革发展营造良好的宣传氛围，起到聚民心、育新人、兴文化、展形象的重要作用。

一、调研基本情况

此次调研采用问卷调查、文件材料调研、实地调研等多种形式，收集了中国气象局有关宣传业务发展情况、各省（区、市）气象局宣传工作进展情况、部分省气象局宣传机构和人员配备情况、江苏三级气象部门新媒体发展情况、部门内外发展趋势等数据资料，围绕组织、机构、人员、新媒体等方面进行调研，分析江苏气象宣传工作的优势和短板，研究新形势下加强气象宣传工作的思路和方案，通过此次调研更好地部署落实好2019年以及未来一段时间江苏气象宣传工作，为提升发展质量，全面开启江苏气象事业发展新征程营造优质、先进、积极、向上的宣传氛围。

二、江苏气象宣传工作近年来取得的成绩

江苏气象宣传工作围绕做好气象现代化突出重点、加强策划、深度挖掘、创新形式，做到有力度、有温度、有气度、有广度。

（一）准确把握大局，宣传江苏气象现代化建设有力度

始终坚持党性原则，牢固树立“四个意识”，坚持正确舆论导向，充分运用网站、微博、微信、报刊等载体及时宣传党中央国务院，中国气象局、省委省政府重要部署。围绕中心加强策划，动态跟踪重点宣传，密切关注江苏气象现代化建设重点工作，挖掘服务国家及江苏重大发展战略的举措。围绕党的十八大以来气象发展成就、改革开放四十年气象发展以及现代化建设等组织专题宣传。

(二)贴近基层一线,讲述江苏气象现代化故事有温度

防灾减灾凝聚人心,切实做好各类灾害性天气气象服务宣传报道,深入灾害一线、基层一线,增强吸引力,感染力,提高质量和水平。关注一线传递真情,在宣传工作中关注一线、关注前沿,把镜头对准平凡而又伟大的气象工作者,连续出刊《江苏气象现代化新故事》,即将制作发布改革开放四十年印记等。

(三)创新方式方法,传播江苏气象现代化举措有气度

与时俱进,改革创新,加强融媒体发展,拓展气象宣传发布、制作、展示平台,紧跟社会发展步伐,生动做好气象宣传。微博微信助力宣传,充分发挥气象新媒体传播优势,气象信息发布与气象宣传科普紧密结合,线上线下多样化制作展示、多介质推送。

(四)联合部门内外,营造气象现代化发展氛围有广度

江苏现代化气象宣传得到了中国气象局、省委省政府宣传管理部门以及地方主流媒体的关心和支持,部门内外联合的强大力量,扩大江苏气象现代化发展的广阔宣传空间,发出“江苏声音”“气象声音”。每年围绕重点热点召开新闻发布会或通气会。省局2017年增设宣传科普专职部门,明确专职人员。省市县三级建立气象宣传专(兼)职队伍,不断提升部门宣传队伍能力与水平。

三、江苏气象宣传工作存在的不足之处

江苏宣传工作虽然取得了一些成绩,但围绕全国宣传思想工作会议精神以及省委省政府、中国气象局的部署和要求,还有差距,调研组比较经验、查找问题,主要存在以下几方面不足。

(一)大宣传的思想意识还没有形成

省局党组对气象宣传工作高度重视,加强统筹规划部署,但全省各级气象部门还未把宣传理念融入事业发展中,作为事业发展的一个必要环节,大宣传的思想意识还没有真正形成。一是存在不想宣传、懒于宣传的情况。没有将宣传作为干事创业的组成部分,认识到宣传是总结工作、交流工作、推进工作、营造氛围的重要一环,没有将宣传融入事业发展的全局考虑。二是存在畏惧宣传的情绪。宣传需要在开展工作的同时用心花一些精力对工作进行总结、提炼、升华,目前把宣传当负担的情况时有存在,应付考核,发“豆腐块”文章了事的情况普遍存在。三是存在宣传思想理念落后。“工作总结”式宣传普遍存在,会议报道多、工作推进和创新工作报道少、基层一线生动事例少,融媒体宣传意识还有待进一步提升。

(二)大宣传的组织机构还不健全

全省各级气象部门宣传组织力量还不够健全。一是省级专职宣传队伍薄弱。依据《江苏省气象局关于调整省级宣传与科普工作职责的通知》(苏气发〔2014〕69号),局办负责全省气象宣传组织管理,服务中心承担具体新闻宣传业务。2017年增设宣传科普科,明确中国气象报江苏记者站站长1人,记者1人。目前,记者站站长为气象服务中心副主任兼任,记者除承担宣传工作外还需要承担科普工作任务。与各省相比,江苏人员偏少,天津市局2013年在气象服务中心成立宣传科普科,编制7人(包括编外);河北省气象服务中心有记者站站长1名,专职记者3名;贵州省气象宣传科普中心有在职人员5人。二是全省各级通讯员队伍网络还需要进一步健全。省局注重通讯员培养,为优秀通讯员办理中国气象报社通讯员证、推荐通讯员参加培训评优,组建通讯员微信、QQ群,发现和挖掘出一批有潜力、有干劲、有能力的通讯员,但总量不足、覆盖面不广,省局直属单位通讯员普遍缺乏,仍有部分市局没有强干的宣传力量。

(三)大宣传的融合发展还没有建立

加强融媒体宣传是党中央、省委省政府和中国气象局关于宣传工作适应新时期发展需求的一项重要部署,充分运用互联网思维,做好新时期气象宣传工作,建立大宣传的发展氛围是当务之急。在两微一端调查中发现,全省大部分气象新媒体运行良好,多个新媒体在全国气象政务新媒体中排名靠前,但同时存在部分基层新媒体更新维护少,菜单功能不全;内容条理性不强,有娱乐化倾向等。从总体上看,江苏以及全国省级及以下气象新媒体以气象信息发布为主,政务宣传量少,形式较为单一,宣传力度不够,政务宣传"内循环"现象较重,社会影响力不足,宣传科普能力有待加强。目前,中国气象局以及部分省开始重视融媒体宣传。中国气象局政务新媒体与业务新媒体分别由中国气象报社和国家气象中心负责。浙江省局由省办统筹政务宣传和政务新媒体制作发布。上海市局、福建省局都成立省级气象宣传教育中心。苏州市局内外联合制作的新媒体宣传科普片质量高、传播效果好,社会反响较好。

(四)大宣传的发展氛围还不够丰富

江苏与中国气象局、省委省政府有关部门加强沟通,共同做好宣传策划,省委宣传部将我局列入新闻发布联席单位,省局与省级主流媒体记者建立 24 小时气象信息通报机制。但与社会公众对气象宣传科普的需求、与气象事业发展的需求还有差距,目前利用培训、考核、座谈、评比等多种手段凝聚部门内外力量形成大宣传的发展氛围还不够。气象宣传科普工作仅仅依靠气象部门是不够的,还需要发挥地方新闻媒体的传播作用、宣传部门的舆论引导作用,以及各类新媒体的传播作用,扩大气象宣传科普覆盖面,全面提升传播力影响力。同时,大宣传的激励机制还不够。在内部激励方面,广东省局将宣传人员纳入天气过程业务考核评选,增强宣传人员的工作积极性。

(五)大宣传的制度框架还不够完善

省局围绕宣传工作出台了系列有关新闻发布等规章制度,以及加强汛期宣传的流程和审稿规范,但面对新形势下气象宣传工作要求,以及中国气象局党组印发的关于加强气象宣传工作的意见,江苏气象宣传制度框架有待进一步强化和完善。省局应制定推动气象宣传工作的意见,制定全省气象宣传管理办法,修订完善宣传系列规章制度,保障宣传工作在制度下有序进行,规范发展,指导全省做好宣传工作。

(六)大宣传格局下应进一步加强信息工作

信息也是内部宣传的重要组成部分。目前江苏信息报送主要是对上发布和对下发布两个方面。对上是向省委省政府以及中国气象局报送重要工作进展和成果,对下是集纳全省信息每两周发布一期《江苏气象工作动态》。目前信息来源渠道有待丰富、发布频次有待提升,同时组织专题报告报送重要工作进展的形式还需拓展。

四、进一步做好江苏气象宣传工作的对策与建议

(一)加强领导,强化责任落实

进一步加强领导,切实把气象宣传工作摆在全局重要位置,作为气象事业发展的重要组成部分,同业务服务工作同谋划同部署,全省各级气象部门对气象宣传工作负起政治责任和领导责任。主要负责人带头把方向、抓导向、管阵地、强队伍。各级分管同志对新闻发布、舆论引导、重大宣传、官方媒体发声等亲自部署、靠前指挥。省局加强管理,充分运用考核、巡展、评选等营造良好宣传工作氛围。

(二)加强顶层设计,健全宣传管理制度

建立健全宣传工作制度和奖励机制,实现宣传工作制度化、规范化。出台或完善宣传工作管理办法、网站管理办法、新闻发布制度、媒体采访接待制度、突发事件舆情应对制度、宣传稿件奖励办法等,并明确目标考核、业务培训、通讯员联络、媒体联络等机制。加强宣传评选奖励办法的研究制定,鼓励宣传专(兼)职人员干宣传、爱宣传,更加规范有效做好宣传工作。

(三)加强组织机构和人才队伍建设

配齐配足宣传岗位人员,建设一支思想正、业务精、管理强的气象宣传队伍。做强专职人员队伍,加强省级专职宣传队伍建设,强化中国气象报江苏记者站的能力水平提升。做大兼职队伍,鼓励更多气象科研、业务人员从事气象宣传创作,探索在省一级挖掘优秀通讯员队伍,在从事业务工作同时,挖掘业务科研工作亮点进行宣传,在基层培养优秀基层兼职通讯员,挖掘一线闪光点,宣传一线气象人物和集体故事。加强新闻宣传、新闻摄影、信息发布、新媒体制作、新闻发布、舆情应对等各方面的培训。

(四)加强上下联动和内外互动

集中优势力量,构建全省气象宣传网络,确保重要天气、重大活动能够上下快速联动,做好宣传工作。加强部门联系,气象宣传工作融入本级宣传、网信部门宣传策划,形成合力。建立气象记者联系机制,加强定期交流,在关键时间节点,如世界气象日、主汛期、灾害性天气前做好新闻媒体宣传科普,依托部门内外媒体发出“气象强音”。

(五)创新宣传方式推动品牌建设

创新运用包括传统媒体和新媒体在内的多种传播方式,做好气象预报预警服务信息传播的同时加强政务信息传播,提高舆论引导能力。加强对全省气象新媒体的管理和指导,提升两微一端影响力,建设上下贯通、资源共享的气象新媒体矩阵,从宣传内容、组织形式、科技手段、内外联合等开展创新探索,形成江苏品牌。

(六)做好信息报送

加强向中国气象局和省委省政府政务信息报送,明确专门人员负责信息工作,完善多种信息报送渠道与机制,反映重要工作进展,争取更大支持。加强全省信息交换,促进各地交流学习,对标找差,共同发展,切实做到“上情下达”“下情上达”。

用上用好用足气象信息 科学助推地方冰雪经济发展

——探索如何推动冰雪资源应用服务的调研报告

王邦中 龚强 赵春雨 周晓宇

（辽宁省气象局）

2018年9月25—28日，习近平总书记在东北三省考察并主持召开东北振兴座谈会时强调，要贯彻绿水青山就是金山银山、冰天雪地也是金山银山的理念。这是我国冰雪经济跨越式发展的科学指南和行动纲要。用上用好用足气象信息，充分挖掘辽宁省的冰雪资源优势，科学开发规划寒地冰雪资源，是落实习近平总书记讲话精神，助推辽宁省冰雪经济发展、助力辽宁振兴发展的重要举措。为此，辽宁省局通过研阅大量文献报道，并与省发改委、省文化和旅游厅、省体育局、省政府发展研究中心等单位座谈研讨，就辽宁省冰雪资源应用服务开展了充分调研，围绕助推辽宁省冰雪经济高质量发展提出了对策建议。

一、辽宁省冰雪资源应用服务存在的问题

冰雪资源应用服务属于较新的专业气象服务，也将成为辽宁省乃至我国具有冰雪资源省份日益推进的专业服务热点。但辽宁省现有服务能力和水平还不能满足整个冰雪经济产业链条发展的需要，主要表现在以下两个方面。

（一）服务产品与用户的对接不力

气象部门已经具有大量的有关冰雪资源的气象观测数据，并已经形成各种分析产品，但对服务对象挖掘不够，宣传不足，没有形成以用户为中心、适用于管理者和消费者需求的产品提供能力，导致有产品无服务对象，影响力不大。

（二）针对性服务的核心技术欠缺

针对冰雪资源开发应用的气象保障服务，既涵盖对冰雪活动可能影响的实时预报预警，也涵盖专业的气候分析评估与预测，但这些针对性服务需要定点定位，而目前技术水平相对达不到要求，服务精准性不足。

二、冰雪资源应用服务现状分析

（一）国外冰雪资源应用开发和气象服务现状

世界发达国家开展冰雪运动已有悠久的历史。美国、加拿大、俄罗斯、澳大利亚、瑞士、韩国等冰雪大国的冰雪运动、冰雪旅游发展起步较早，已经形成了相当大的规模，并建立了庞大而完善的冰雪产业体系。随着冬奥会等大型国际冰雪赛事的发展，这些冰雪大国在比赛场地规划设计、赛事安全运行、冰雪竞技气象条件监测与预报、雪务等气象服务方面也建立了完备的保障体系。

冰雪项目对气象要素的敏感度远超夏季运动，自1924年以来，冬季奥运会已举办了23届，冬奥会

场地规划设计、赛事安全运行、雪务等工作与气象条件密切相关，不仅是备受重视的开闭幕式，冬季赛事对各种气象要素有着更高的要求。室内冰上项目繁多，对冰面温度，室内空气温度、湿度、大气压等气象条件要求十分细致。室外举办的雪上运动项目要求则更高，几乎全部在山地特殊气候条件下举行，受天气气候的影响情况十分复杂，风速风力、气温雪温等直接考验着运动员的技术发挥，需要时间精确到分钟级、空间到百米级的精准赛事气象专项预报、兼顾多方需求的气象信息服务。2010 年加拿大温哥华和 2014 年俄罗斯索契冬奥会，均建立了适应冬奥会需求的立体化、稠密山地观测网；针对冬季山地复杂地形建立高分辨率数值预报系统，支持短时临近雪上项目气象服务保障能力；气象服务展示形式明显向网络化、智能化、可视化方向发展；训练有素的冬奥会预报团队和强大的预报中心实时支持。2018 年平昌冬奥会，韩国气象厅研发了“智能天气服务”系统，服务内容涵盖冬奥会场馆天气预报、实时天气观测、在线历史资料统计查询、针对不同类型冰雪运动的专业预报服务以及外围交通、旅游等服务内容，在冬奥场馆设置了气象预报服务智能展示终端。冬奥会的成功举办也进一步促进了举办国当地的冰雪产业和经济发展。

（二）我国冰雪资源应用开发和气象服务现状

随着我国获得 2022 年冬奥会举办权以及“带动 3 亿人参与冰雪运动”的郑重承诺，冰雪旅游、冰雪运动已形成以东北地区为首，辐射内蒙古、新疆、北京、河北、四川等全国多数省份的发展态势。在大众旅游时代，我国已经成为冰雪旅游大国，正向冰雪旅游强国迈进。其中黑龙江、吉林成为东北冰雪旅游的主要代表，京冀则以奥运冰雪旅游为核心。

2018 年韩国平昌冬奥会，中国气象局为中国体育代表团提供了赛场气象保障服务，较好地把握了赛事期间的降水量级、相态，以及风速等气象影响要素，预报员参考韩国气象厅实时发布的赛道实况观测资料，通过对各类数值模式产品的分析、应用，并根据地形影响等进行订正，最终提供精细至各赛场的预报产品。

目前 2022 年第 24 届冬奥会筹办已正式进入“北京周期”，包括气象保障在内的各项前期准备已全面启动。气象部门围绕冬奥气象预报“百米级、分钟级”的精细化要求，气象科技攻关力度进一步加大。北京气象部门推进快速更新多尺度分析和预报系统研究，重点加强延庆、张家口赛区 100 米、10 分钟更新的短时预报产品研发，开展复杂地形冬季气象服务技术研究、快速更新精细化短临数值预报技术与应用研发；河北省启动了冰雪运动气象专项预报及智能化气象服务技术研究，加强对精细化预报、环境气象、交通气象等预报服务的技术攻关。与此同时，冬奥气象业务服务系统、观测系统建设等一系列基础性工作也在稳步推进。

至 2016 年我国已成功举办了 13 届全国冬季运动会，其中在黑龙江省举办了 7 届，在吉林省举办了 5 届，在新疆举办了 1 届，2020 年第 14 届即将在内蒙古召开，这些举办地气象部门也曾深度参与了冬运会的气象服务，大型赛事的成功举办进一步推动了其冰雪强省的地位。

（三）辽宁省冰雪资源应用开发和气象服务现状

辽宁省是国内开发冰雪旅游较早的省份，冰雪旅游在全国处于前列，但目前辽宁省冰雪旅游、冰雪运动规模还远不如黑龙江省和吉林省，甚至与新疆和内蒙古也有差距，没有 1 条标准的比赛级滑雪赛道，而且也基本没有开展冰雪资源应用气象服务工作。

2018 年辽宁省政府工作报告指出，广泛开展全民健身活动，推进群众体育、竞技体育、体育事业协调发展，加快建设体育强省。发展冰雪运动、冰雪产业，积极对接北京冬奥会。2016 年出台的《辽宁省体育领域供给侧结构性改革实施方案》指出，借助北京冬奥会，探索申办 2024 年第十五届全国冬运会。2017 年辽宁省体育局与抚顺市人民政府签署《关于将抚顺市作为辽宁省体育领域供给侧结构性改革试点城市的战略合作框架协议》，确定以抚顺市为主会场申办 2024 年冬运会。如果申办成功，辽宁省将成为全国第一个既承办过夏季又承办过冬季全运会的省份。申办冬运会，既可满足百姓日益增长的冰雪健身、冰雪消费的需求，又可带动辽宁省冰雪运动及冰雪产业的发展。省政府办公厅于 2018 年 6 月发布了《辽宁省落实振兴东北科技成果转移转化专项行动实施方案三年行动计划(2018—2020 年)》，还指出推动冰雪产业科技项目对接和落地，建设一批冰雪科技旅游产品，到 2020 年建设年平均接待量达到 3000 人规模的滑雪场 30 个，培育具有品牌效应的大型科技冰雪主题乐园 2 个以上，冰雪经济已经成为辽宁省经济新的增长点，成为推动辽宁振兴的新动能。

三、辽宁省冰雪资源应用开发的气象服务需求分析

(一)冰雪气候与冰雪经济的关系分析

冰雪是寒冷地区得天独厚的气候资源。有学者在分析东北三省经济时指出，过低的气温是导致东北经济下滑的因素之一，但其实，宝贵的冰雪气候也塑造了东北地区无与伦比的冰雪旅游、冰雪运动，进而促进整个冰雪经济的发展。

辽宁省积雪期长、结冰期长，冬季气温适中、少严寒、灾害性天气少，既有冬季室外气温优于其他省份气温极低的优势，也有降雪资源优于其他省份降雪较少的优势。辽宁省冰雪资源的唯一性，为开展冰雪运动，无论是竞技体育，还是群众体育，提供了纯天然、纯自然的舞台。

冬季白雪覆盖的起伏山地、丘陵和冰封的大海、河湖是大自然馈赠的美景，热气缭绕的温泉上白雪飘飘又另有一番景致。辽宁省冰雪气候特征独特性，既为冰雪文化发展奠定了坚实基础，也为冰雪旅游活动增加了足够吸引力。

凭借辽宁省冰雪气候资源优势，大力发展“冰雪＋”，形成冰雪经济产业链条，为发展冰雪经济提供了得天独厚的环境和条件，辽宁省的“冷气候”完全可变成“热经济”。

(二)对气象服务的需求分析

调研组与省发改委、省文化和旅游厅、省体育局、省政府发展研究中心等单位座谈，面对面进行讨论，交换意见，调研组得出以下需求分析结论。

1. 需要翔实科学的冰雪气候大数据

发展冰雪经济需要有科学的谋划，必须依据冰雪气候的实际特征，遵循其时空分布特点开展冰雪经济、冰雪产业规划，需要气象部门依据大量气象观测数据，科学分析辽宁省冰雪气候特点，为相关部门制定冰雪经济发展规划服务。

2. 需要科学挖掘辽宁省冰雪资源优势

我国北方大部分地区均具有冰雪资源，南方地区也可能有短期的天然冰雪或开发人工冰雪的条件，辽宁省自然冰雪资源条件并不占优，但在与其他冰雪大省错位发展的理念下，需要从气候的角度深挖辽宁省发展冰雪经济的优势条件，从冰雪期时间、人工造雪条件、冰雪竞技运动气候条件、极端天气事件影响、特色冰雪资源特征等方面挖掘辽宁省冰雪资源优势，为营造与其他冰雪大省错位发展、特色发展提供科学依据。

3. 需要建立多方合作机制，用上用好用足气象信息

发展冰雪经济是要将整个冰雪产业链条统筹发展，其中各个环节涉及不同部门，需要建立多部门的合作机制和信息交换渠道，而且各部门均需要相应的气象信息，用上用好用足气象信息，开展针对性的气候分析与评估、及时的预报预警等是冰雪产业链条中决策者、管理者、运营者以及公众的需求。

4. 针对性服务内容和服务方式需要进一步拓展

不同的冰雪活动对气候服务有不同的需求，冰雪旅游、冰雪竞技、体验式冰雪运动、观冰、赏雪等均有不同的受众，受众不同、需求也不同，需要气象部门针对不同需求开发有针对性的服务内容，且精准到位。服务方式也应不局限于传统方式，从多方式宣传到多渠道沟通服务、跟踪服务，不断扩展服务受益

面和服务效果。

四、对加强辽宁省冰雪资源应用服务的思考和建议

为合理应用开发辽宁省冰雪资源，促进冰雪旅游、冰雪运动、冰雪文化、冰雪配套产业建设等发展，推进“冷气候”变成“热经济”，提出以下建议。

（一）多部门合作，充分考虑辽宁省冰雪气候特征制定全省冰雪经济发展规划

辽宁省冰雪期较长，各地的冰雪资源分配不均。建议科学详细分析辽宁省冰雪资源特征，并据此统筹规划全省冰雪运动、冰雪旅游、冰雪文化、冰雪产业的发展布局，因地制宜地确定各地冰雪旅游重点目标，体育、旅游、气象、交通、教育、宣传等部门联合落实寒地冰雪经济发展规划，深挖冰雪资源优势，建设冰雪经济强省。

（二）深度挖掘冰雪文化资源，打造辽宁冰雪之乡冰雪小镇特色品牌

辽宁省东部区域是我国清朝文化的发源地，气象部门可以深挖气候资源，促进文化管理等部门将冰雪元素融入地方特色文化、特色资源和景观建设，结合乡镇建设打造特色冰雪小镇或冰雪之乡，开展国家气候标志评定，将气候标志作为旅游品牌宣传推介，增加区域特色与知名度，打造具有辽宁专属特色的冰雪品牌。

（三）提升冰雪竞技运动气象服务保障能力

辽宁省已提出抚顺为主会场申办2024年第十五届全国冬季运动会，但在承办大型冰雪赛事方面还是空白。建议针对比赛场地规划设计、赛事安全运行，及早开展针对冰雪运动的精细化气象监测与分析评估，研发赛区精细化气象预报和灾害性高影响天气预警技术，研究制定极端气候的应急预案，提高辽宁省大型冰雪赛事的气象服务保障能力。

（四）科学发挥冰雪气候优势提升冰雪经济效益

与其他冰雪省份相比，辽宁省具有冬季室外体感温度条件优，自然降雪、人工造雪气象条件兼备的优点，具有发展冰雪活动的吸引力，可以营造与其他冰雪大省错位发展的创新方式。此外，在新建滑雪场馆时，建议开展滑雪场选址气候可行性论证，对滑雪场的气候适宜性、风险性和可持续性进行评估。同时，在冰雪资源开发规划中要考虑到未来的气候变化以及可能出现的气象灾害风险变化，强化防灾减灾基础知识的宣传普及，趋利避害，最大限度地提升冰雪经济效益。

安徽省气象部门高层次人才和基层一线人才队伍建设调研报告

于波　周述学　王兴　马红　张薇　耿德祥　卓霞　张田川

（安徽省气象局）

为深入贯彻落实党的十九大精神，加快推进安徽省气象部门高层次人才和基层一线人才队伍建设，按照省局年度调研工作计划，从2018年开始，围绕全省气象部门高层次人才和基层一线人才队伍建设问题进行了专题调查研究。调研主要采取座谈、实地考察、听取意见和建议及查阅文件资料等方式。期间，重点调研了省气象台、省气候中心、省大气探测技术保障中心等单位高层次人才队伍建设情况，以及蚌埠市气象局、安庆市气象局、黄山市气象局等单位一线人才队伍建设情况，认真听取了广大气象干部职工的意见和建议，比较全面地掌握了全省高层次人才和基层一线人才队伍建设情况。

一、高层次人才队伍建设现状

高层次人才是气象事业发展的核心竞争力，是气象现代化建设的领军人才，是气象业务与服务的关键力量。安徽省气象部门高层次人才队伍主要包括：中国气象局首席预报员、首席气象服务专家、青年英才；安徽省气象局首席预报员、首席气象服务专家、业务科技带头人；具有正高级职称人员；获得博士学位人员。

（一）现有高层次人才数量

截至目前（2018年10月底，下同），全省气象部门现有中国气象局首席气象服务专家2人，青年英才2人；安徽省气象局首席预报员9人，首席气象服务专家6人（其中2人为中国气象局首席气象服务专家），业务科技带头人7人；具有正高级职称17人；获得博士学位24人。

（二）高层次人才队伍分布情况

全省气象部门高层次人才队伍中，省局有47人，占高层次人才总数的92.2%；市局有4人，占高层次人才总数的7.8%；县局没有人员。参照公务员法管理的有3人，占高层次人才总数的5.9%；事业单位人员有48人，占高层次人才总数的94.1%。

（三）高层次人才队伍学历结构

全省气象部门高层次人才队伍中具有博士研究生学历（学位）的人员25人，占高层次人才总数的49%；硕士研究生学历（学位）的人员18人，占高层次人才总数的35.3%；大学本科学历的人员7人，占高层次人才总数的13.7%。

（四）高层次人才队伍专业结构

全省气象部门高层次人才队伍中具有大气科学类专业的人员41人，占高层次人才总数的80.4%；信息技术类专业的人员3人，占高层次人才总数的5.9%；水文及物理学类专业的人员4人，占高层次人才总数的7.8%；其他类专业的人员3人，占高层次人才总数的5.9%。

(五)高层次人才队伍年龄结构

全省气象部门高层次人才队伍中 30 岁及以下人员 4 人,占高层次人才总数的 7.8%;31 岁至 40 岁的人员 23 人,占高层次人才总数的 45.1%;41 岁至 50 岁的人员 10 人,占高层次人才总数的 19.6%;51 岁至 60 岁的人员 14 人,占高层次人才总数的 27.5%。

二、基层一线人才队伍建设现状

(一)现有市县局人才规模及分布

全省气象部门各市县局共有 1218 人,其中市局参公人员 236 人、国家编制事业单位 467 人;县局参公人员 214 人、国家编制事业单位 301 人。

(二)市县局人才队伍学历结构

全省气象部门市县局人员中,具有硕士研究生学历(学位)的人员 122 人,占市县局总人数的 10.0%,其中市局 91 人(71),县局 31 人(30);大学本科学历人员 905 人,占市县局总人数的 74.3%,其中市局 523 人,县局 382 人;大学专科及以下学历人员 191 人,占市县局总人数的 15.7%,其中市局 94 人,县局 97 人。全省气象部门市县局人员本科以上学历(学位)达到了 84.3%。

(三)市县局人才队伍职称结构

全省气象部门市县局人员中,具有高级职称人员 147 人,占市县局总人数的 12.1%,其中市局 121 人,县局 26 人;具有中级职称人员 577 人,占市县局总人数的 47.4%,其中市局 341 人,县局 236 人;具有初级职称人员 379 人,占市县局总人数的 31.1%,其中市局 177 人,县局 202 人;没有正高级职称人员。

(四)市县局人才队伍年龄结构

全省气象部门市县局人员中,30 岁以下人员 270 人,占市县局总人数的 22.2%,其中市局 122 人,县局 148 人;31 岁至 40 岁的人员 370 人,占市县局总人数的 30.4%,其中市局 210 人,县局 160 人;41 岁至 50 岁的人员 266 人,占市县局总人数的 21.8%,其中市局 180 人,县局 86 人;51 岁至 60 岁的人员 312 人,占市县局总人数的 25.6%,其中市局 191 人,县局 121 人。

(五)市县局事业人员岗位结构

全省气象部门市县局事业单位人员中,聘任在管理岗位的有 43 人,占市县局总人数 3.5%,其中管理七级 21 人、八级 20 人、九级 1 人、十级 1 人;聘任在专业技术岗位的有 699 人,占市县局总人数的 57.4%,其中高级岗位 91 人,占 13%,中级岗位 308 人,占 44.1%,初级岗位 300 人,占 42.9%;聘任在工勤岗位 9 人,占市县局总人数的 0.7%。

三、高层次人才队伍建设存在问题及原因分析

近年来,省局对高层次人才队伍建设施真招、出良策,通过努力,取得了明显成效,但是,与中国气象局党组的要求,以及气象现代化建设和气象业务服务的需求相比,全省气象部门高层次人才队伍建设还存在很大的差距。从实地调研和基层反映的情况看,主要有下列问题需要进一步加强研究和解决。

(一)主要问题

一是高层次人才队伍总体规模偏小。目前,安徽省高层次气象人才队伍总数仅占全省气象部门在职职工总数的3%,入选中国气象局人才工程人数偏少,特别是缺乏在全国气象部门有影响力的领军人才、学科带头人,高层次后备人才数量也严重不足。

二是高层次人才引进难的问题仍然存在。近年来,虽然省局出台了引进新进毕业生的政策,也收到一些效果,但总体上引进并留住大气科学类专业的博士研究生等高层次人才较难,特别是引进重点业务领域的高层次专门人才和基层气象部门引进高层次人才更难。

三是高层次人才队伍的布局不够合理。在布局上,高层次人才主要集中在省局,占高层次人才总数的92.2%,而处于业务一线的市县局仅占7.8%。

四是现有高层次人才资源利用率仍然比较低,高层次人才的作用发挥仍然不够,在全国影响力不高。调研中发现,一些高层次人才工作任务不饱和,作用还没有充分发挥。

(二)原因分析

一是对高层次人才工作的认识和引导还不够到位。在人才工作中,高层次人才队伍建设工作没有摆到应有的突出位置,对基层气象部门的宣传、引导和监督不够,一些单位尊重人才、爱护人才、重用人才的观念还没有牢固树立起来,在思想认识和实际工作中还没有把高层次人才队伍建设工作摆到应有的位置,对现有人才培养支持力度不够。

二是高层次人才工作机制尚不完善。一些单位人才工作领导体制和工作格局尚未形成,缺乏人才工作规划和计划,高层次人才引进机制、流动机制、岗位管理机制、选人用人机制、教育培训机制、考核评价机制、开放合作机制、激励保障机制、人才投入机制尚未完全建立。

三是对高层次人才工作调查研究不够。高层次人才队伍建设专题调研不够深入,对全省高层次人才队伍的现状缺乏了解,对高层次人才成长规律研究不够,对解决高层次人才队伍建设存在的问题,办法不多,效果不明显。

另外,安徽省属经济欠发达地区,在客观上不利于培养人才、引进人才、留住人才。

四、基层一线人才队伍建设存在问题及原因分析

近年来,省局及市县局高度重视基层一线人才队伍建设。通过近年的努力,取得了明显成效,但是与基层气象现代化建设和气象业务服务的需求相比,基层一线人才队伍建设还存在很大的差距。从实地调研和基层反映的情况看,主要有下列问题需要进一步加强研究和解决。

(一)主要问题

一是基层人才引进难问题较为普遍,特别是高学历以及大气科学类专业人才引进较难。目前县局硕士研究生仅为31人,占全部县局人数的6%。个别县局招不到合适的毕业生。

二是基层人才流失现象较为严重。部分外省生源的县局人员通过考公务员、调动甚至辞职等途径离开安徽省气象系统。蚌埠市五河县气象局近几年连续有4名年轻同志考录为外省公务员或辞职;安徽潜山市气象局2018年已有2名年轻同志离开,其中1名为南京大学本科生,另有1名研究生通过地方事业单位招考也即将离开潜山局。

三是基层的高层次人才匮乏。虽然在申报职称中针对县局人员增设了综合气象业务岗位,评审时也对县局进行了倾斜,但截至目前县局高级工程师人数仍然较少,仅为25人,占全部县局人数的4.9%。

(二)原因分析

一是客观上由于安徽省基层气象台站职工工作任务重、工资待遇不高,基层单位对人才的吸引力越来越弱,基层单位人员招录难、流失快制约着基层气象事业的发展。

二是事业单位人员管理存在一定不足。在基层人才使用方面存在着重引进、轻管理、轻培养的问题。引进人员到单位工作后,跟踪培养措施没有跟上,为基层优秀人才的成长搭建平台上还有欠缺。

三是现有的人才激励政策不够,人才评价体系有待完善。同时县局人员参与高层次的科研机会较少,人才流动渠道窄,现有激励政策无法满足多途径培养人才。

五、高层次人才和基层一线人才队伍建设的对策与举措

人才资源是现代化中最活跃、最积极的因素。没有科技人才的现代化,就没有真正意义上的气象现代化。全面推进安徽省气象现代化,需要加快全省气象部门高层次人才和基层一线人才队伍建设。

(一)健全完善人才工作机制

切实把气象人才队伍建设摆在更加突出的位置,营造人人关心人才、人人爱护人才的氛围,树立重视人才、重用人才的意识。要贯彻落实国家和中国气象局关于人才发展体制机制改革精神,督促各级气象部门建立健全党组(领导班子)统一领导,人事部门牵头抓总,相关部门各司其职、密切配合,用人单位为主体的工作机制。要改进人才评价机制,建立科学完善的符合安徽实际的气象人才评价体系。要健全人才激励机制,注重吸引和使用人才,要坚持从实际出发,把人才工作做扎实。

(二)多措并举加大人才培养力度

贯彻落实好中国气象局党组《关于增强气象人才科技创新活力的若干意见》等文件精神,进一步激发气象人才科技创新活力。一是加强与高校的合作,通过强化对毕业生就业引导、联合教学、联合培养等措施加强新进毕业生培养;为现有人才搭建好交流访问学习的平台,鼓励人才走出去开阔视野,学习新知识新方法新技术。二是充分发挥现有人才和团队的作用。加大国家人才工程、双百计划人选培养,积极参与地方人才工程选拔。给高层次人才下任务、压担子,制定相应的激励措施,让他们集中精力在适合的岗位上为气象业务现代化建设发挥自己应有的领军作用。加强县级气象机构专业技术人员的综合能力培训,提升基层人员的专业素质和综合技能,建设与业务需求相匹配的专业技术人才队伍;严格落实省局出台的《关于进一步规范管理安徽省气象部门人才工程人选和创新团队考核评估及津贴发放的通知》,充分发挥人才工程人选及创新团队在科技创新、业务建设等方面的带头领军作用。

(三)破解引进人才和留住人才难题

改变人才使用观念,强化效益意识和柔性引才理念,不求所有、但求所用,不求所在、但求所为,引进急需紧缺人才。建立特聘、兼职、项目合作、访问、短期工作、顾问等灵活多样的人才柔性流动机制,以更加开放的姿态和科学合理的用人机制吸引更多的优秀人才。创新博士研究生培养引进机制,与国内有关高等院校和科研院所联合建立人才培养基地,着力培养引进气象事业发展急需的新生力量。要重视新进年轻气象工作者,让他们在气象业务、管理等工作中充分发挥作用,引导他们立足岗位、安心工作,帮助他们规划好自身发展,同时在各方面关心新进人员,帮助他们解决生活工作中的困难。

(四)注重打造气象人才梯队

充分发挥省局业务科研单位在高层次人才队伍建设方面的引领示范作用,加大基层气象部门高层次人才培养力度,在政策、项目、资金等方面多向基层倾斜,着力打造具有一定规模、结构完善、布局合

理、质量较高的省、市、县三级高层次人才梯队。贯彻落实国家和中国气象局职称制度改革精神，加大基层高级职称人才培养选拔，完善事业单位岗位设置管理，引导省局高层次人才向基层流动，培养基层高层次人才。建立健全“梯队式”培养模式，实施高层次人才接力工程，省、市、县三级气象部门分别重点抓好高层次人才、中青年科研业务骨干和基层业务一线人才的培养，形成以高层次人才为引领、老中青相结合的人才梯队。

气象服务乡村振兴战略需求调查分析与建议

陈莉　杨卫东　李百超　韩冰　李帅　王艳秋　丁雪松

（黑龙江省气象局）

在党的十九大报告中，习近平总书记首次提出实施乡村振兴战略，强调要坚持农业农村优先发展，加快推进农业农村现代化。黑龙江省是全国最重要的商品粮基地和粮食战略后备基地，肩负着保障国家粮食安全的重任，是维护国家粮食安全的“压舱石”。为更好地发挥气象在乡村振兴战略中的作用，2018 年在黑龙江省农区开展了为农气象服务需求调查，本报告以此为基础分析了不同涉农群体的需求异同，并结合气象服务现状提出了目前气象服务乡村振兴战略存在的短板，最后提出了对策和建议。

一、为农气象服务调查基本情况

调查范围为黑龙江省 11 个主要农业生产市（地）。针对普通农民、新型农业经营主体、省市县三级农业管理或农技人员（以下简称决策服务对象）分别设计了调查问卷。问卷内容主要包括受访对象对气象信息的关注程度、认可程度和需求等。调查选取深入田间地头、进村入户、借助气象日宣传活动、各地气象局配合调查等方式，根据等概率抽样的方法，综合考虑职业、年龄和学历等因素，利用分层抽样、判断抽样和简单随机抽样相结合的方法，最终获得调查有效样本 1126 份，其中决策服务对象 455 份，普通农民 503 份，新型农业经营主体 168 份；其中具有年龄答案的问卷共 657 份，35 岁及以下 75 人、36～45 岁 233 人、46～55 岁 245 人、56 岁及以上 104 人。

二、为农气象服务需求调查分析

（一）总体分析

通过对获取气象信息渠道、关注气象信息目的、不同时效预报预测和气象服务产品种类需求等方面分析后，发现在获取气象信息渠道方面超过 74％以上的农民选择了电视，较 2014 年的 88％有所下降；采用新媒体（“互联网＋手机”）的获取率为 128％，较 2014 年升高 14％；传统媒体（“电视＋广播＋报纸”）的获取率为 107％，较 2014 年降低 13％。说明在科技进步的同时，农民获取气象信息的渠道也在发生变化，应用新兴科技手段获取率逐步提升。

在关注气象信息目的方面，农民依次选择了农业生产（86％）、突发灾害性天气防御（43％）、出行需要（40％）和穿衣参考（18％）。说明农民关注气象信息的主要目的是开展农业生产，同时生活方面的需求也不可小视。

在不同时效预报预测需求方面，农民依次选择了 12 小时（48％，较 2014 年上升 21％）、7～10 天（46％，较 2014 年上升 7％）、3～6 小时（29％，较 2014 年下降 7％）、一个月或一个季度（24％，较 2014 年上升 10％）。说明农民比较关注当天和未来 10 天之内的天气预报，对较长时效的气候预测需求量较 4 年前明显上升。

在气象服务产品种类需求方面，农民依次选择了作物专项气象预报（60％）、乡镇天气预报（47％）、病虫害预报（46％）、气象条件生产指导（41％）和气象科普（40％）。说明农民对气象服务比较认可，同时需求也比较旺盛，对气象服务精细化和针对性的需求较高。

(二)不同年龄段农民对气象服务需求的异同

各年龄段农民在“气象信息对种地是否有用”和“能否帮助增收”方面都给了 90 分以上，尤其是 45 岁以下的农民给出了更高的分数，并且定制更实用气象信息的意愿更加强烈。

各年龄段农民获取天气预报的方式首选均是电视，其中 56 岁以上的老年农民居多。除 56 岁以上农民外，其他年龄段农民采用新媒体的比率均高于传统媒体，采用新媒体获取率表现出随年龄增加而降低的特征。说明年龄较轻的农民对新媒体的认知和接受程度更高，对气象信息获取的主动性更高。

56 岁以上的农民根据天气信息选择出行、穿衣的比例远大于其他年龄段的农民。

(三)新型农业经营主体与小农户对气象服务需求的异同

新型农业经营主体在“气象信息对种地是否有用”这个问题上给出 94.5 分，高于小农户的 90.9 分；认为气象信息能否帮助增收这个问题上给出 99.2 分，远高于小农户的 91 分。新型农业经营主体认为气象预报和灾害性天气预警的准确性、对气象服务的满意程度都比小农户给出的分数高，同时他们选择定制更实用气象信息意愿也略强。

新型农业经营主体和小农户获取天气预报的方式首选虽然都是电视，但小农户选择电视的比例 79%，远高于对其他媒体的选择；而新型农业经营主体选择电视的比例为 60%，仅高于短信、手机 APP 的比例 5%；新型农业经营主体采用新媒体获取气象信息的比例为 144%，高于小农户的 124%，而他们采用传统媒体获取气象信息的比例仅为 88%，低于小农户的 113%。新型农业经营主体对于气象服务产品需求均高于小农户。说明新型农业经营主体对气象信息有更高的认可度，对气象信息对农业生产的价值认识得更深，同时他们对气象服务需求更强。

(四)省、市、县三级决策服务对象对气象服务需求的异同

在“气象信息对农民种地是否有用”方面，省、市、县决策服务对象均给出 92 分以上；在“气象信息能否帮助农民增收”上，给出了 94 分以上，以市级决策服务对象最高(99.3 分)。而目前气象服务在满足农业生产需求方面，市、县两级给出 85.8 分，而省级仅给出 72.6 分。说明他们对气象有比较高的认可度，但对气象服务还有很大的期望，我们目前的为农气象服务产品从质量上、种类上还需进一步完善，尤其是对省级决策部门提供的气象服务产品，需要增强其针对性，提高决策的参考辅助能力。

三、气象服务乡村振兴战略存在的短板

党的十八大以来，黑龙江省气象局不断加强农村气象灾害防御体系和农业气象服务体系建设，主要开展了农业气候区划、农业生产(种、管、收)气象服务、农业气象灾害监测预测服务、农用天气预报，农业气象灾害评估等工作，全省气象部门农业气象服务基础能力不断提升。但从为农气象服务需求调查分析以及气象为农服务现状看，目前气象服务三农与高质量服务于乡村振兴战略实施之间还存在一定的差距。

(一)为农气象服务没有跟上农业供给侧改革的步伐

随着农业供给侧改革的逐步深入，传统的农业产业链已经或正被重构，目前的为农气象服务聚焦生产环节，而对特色农业、高效农业、设施农业等服务不足。同时延伸产业链条是发展现代农业农村的重要环节，粮食种植与养殖、加工、销售、文旅、康养等产业深度融合，气象服务工作目前较为薄弱。加快推进生态文明建设、农业清洁生产、绿色生产，推进高效生态循环的种养模式等正在实施，气象服务产品有效对接农业农村生态建设，为建设资源利用高效、生态系统稳定、产地环境良好、产品质量安全的农业发展新格局提供强有力的气象保障也是目前我们的短板。

(二)为农气象服务没有跟上农民需求变化的节奏

随着经济社会快速发展，人民生活水平越来越高，农民对气象服务的需求由原来“生产”型需求向“生产+生活”型需求转变，同时需求向精准化、多层次、多要素转变，而目前气象服务产品的设计在关注多层次、多样化需求方面不够充分。

(三)农村气象综合防灾减灾救灾工作还有较大发展空间

气象部门在农业气象灾害风险评估的精细化程度和相关科研成果转化方面需要进一步加强。农业气象灾害影响预报工作已经开展，但距离高质量还有一定差距。在灾害性天气预报预警方面，尽管气象部门在预报预警发布“最后一公里”的工作上做了很多努力，如电子显示屏、乡村服务站、农村大喇叭等，从本次问卷调查看，通过这两种渠道获取气象信息的农民仅为1%和16%，只靠气象部门自己的能力，根本解决“最后一公里”发布问题比较困难。

(四)对新媒体传播气象信息的社会管理不健全

农民采用新媒体获取气象服务的比例越来越高，未来随着互联网等基础设施的普及，比例还会进一步提高，我们要高度重视利用新媒体开展气象服务。但由于管理机制不健全，过时、虚假的气象信息大量存在，普通公众难以辨别气象信息的权威性和真实性。

(五)农村气象科普工作的广度和深度亟待加强

纵观近些年重大气象灾害事件，事后分析时都得出一个重要结论：公众利用气象灾害预警信息开展自救互救的意识和能力有待提高。农村是气象科普的薄弱地带，农民是气象科普的薄弱人群，其薄弱之处不仅在于利用气象灾害预警信息开展自救互救的意识和能力方面，还在于对日常气象信息正确理解和合理使用方面，针对农民的气象科普任重道远。

四、对策和建议

(一)立足定位，主动融入乡村振兴战略实施

一是深化认识，准确把握定位，切实履行职责。认真履行党中央对气象服务三农的重要工作部署，准确把握气象部门在乡村振兴战略中的科学支撑、基础保障的定位，确保高质高效完成各项工作任务。二是积极主动融入乡村振兴战略实施。做好与国家、地方和有关部门实施乡村振兴战略相关工作部署、规划和项目的衔接，开展全方位、宽领域、多层次的深度服务和协同配合工作。应形成不同层面的气象保障乡村振兴战略规划体系，做到不同层级的合理分工、协同匹配，层级越高越注重引导和方向把控，层级越低越注重政策执行以及与实际贴合的灵活性。

(二)需求牵引，深化为农气象服务供给侧结构性改革

改革为农气象科技创新结构，从体制机制上推动为农气象服务创新发展。建立以创新能力、质量、贡献为导向的人才评价体系，形成并实施有利于为农气象服务科技人才潜心研究和创新的评价制度，创新气象服务技术，建立健全科技成果业务化评估机制，解决目前科学研究与服务需求相脱节的问题。

改革为农气象服务业务结构，扩大为农气象服务有效供给。聚焦乡村振兴战略需求，调整为农气象业务服务分工，优化国家、省、地、县四级业务体系，合理分工。对于同质化较强、技术要求较高的为农气象服务向上级气象部门集约，地方特色鲜明、个性化明显的为农气象服务业务向基层下沉。

改革为农气象服务产品结构，提高供给质量。不断提高农业气象产品的准确度、针对性，发展保障

乡村振兴的精细化气象服务。基于新一代信息技术，研发以位置服务、移动式交互、智能定向信息发布为显著特征的信息传播手段，发展全媒体融合，实现快速、精准、智慧发布。

改革为农气象服务人才队伍结构，促进气象服务乡村振兴战略人才振兴。在省级和有条件的地市级气象局，引进社会资源，组织建设发展机制灵活地为农气象服务团队，持续地研究农户和新型农业经营主体的内在需求、气象敏感点、核心技术内涵、服务实现的方式、业务服务的标准和规范，为用户提供融入性贴近式服务，真正打造高端的专业为农气象服务产品，引领为农服务产品市场发展。

（三）理清思路，构建满足乡村振兴战略需求的服务体系

强化"用户思维"，适应"需求端"的新变化，逐步建成新时代现代气象为农服务体系，以落实乡村振兴战略部署，使为农气象服务基础更牢、技术更新、结构更优、机制更活。

1. 提升为农气象服务业务能力，创新气象服务供给

传统的天气预报发布形式限定了公众获取的信息量，目前基于数值预报模式的智能网格预报业务能力快速提高，应改进并调整天气预报发布形式，尽快使公众获得与业务能力相匹配的气象服务产品。提升气象灾害早期预警预报能力，提高基于风险评估的精细化水平和影响预报能力。与传统农户相比，新型农业经营主体经营规模大、单产水平高，受灾害影响损失更大，对气象信息和防灾减灾技术措施的需求更迫切，要继续加强对新兴农业经营主体的直通式气象服务，气象服务产品智慧化、个性化。发挥气象技术优势，创新乡村绿色发展服务供给，积极推进气候资源和农业气象资源的开发利用，打造(地理)气候标志品牌和新的气象产品。开拓服务领域和市场，积极探索农业气象指数研发和保险服务，保险条款设计和费率厘定等方面的科学性有待进一步加强，要更加注重农学、气象学、保险及金融等学科的交叉，进一步提高天气指数保险产品设计的科学性，使天气指数保险产品更加稳健，对农业生产的保障更加有力。

2. 加强人工影响天气能力建设

积极探索人工影响天气为农服务的新方式新方法，与农业等多部门协作推进生态修复型和防灾减灾作业并举，不断提升人工影响天气科学作业、精准作业和安全作业能力，提高人工影响天气作业水平和服务效益。

3. 发挥政府主导作用，从根本解决预警信息发布"最后一公里"问题

气象部门立足本职，履行好农业防灾减灾救灾的第一道防线职责，充分发挥政府在预警信息发布的主导作用，提高灾害预警信息发布的准确性和时效性，扩大社会公众覆盖面，有效解决信息发布"最后一公里"问题。

4. 加强法治建设，保证气象信息传播的可持续发展

为使气象信息传播可持续发展，应该从法律层面对传播气象信息进行社会管理。黑龙江省于2018年1月1日起施行《黑龙江省气象信息服务管理条例》，它是我国在此领域的首部地方性法规，从立法层面对于开放气象信息服务市场，规范气象信息服务活动，促进气象信息服务发展，满足社会生活对气象信息服务的需求提供了保证。

5. 气象科普重心下移，注重对新型农业经营主体的科学普及

注意科普宣传内容的供需匹配，应针对不同涉农群体在科普内容上有所侧重。要加强对新兴农业经营主体的气象科普，引导他们积极参与气象智能化监测，使气象部门与新型农业经营主体之间良性互动；同时注重发挥新型农业经营主体在利用气象服务趋利避害开展生产方面的带头示范作用。注重发挥政府的决策领导作用，与其他部门相互配合，使气象科普工作事半功倍。

助推乡村振兴战略实施　建立新时代气象为农服务体系

——乡村振兴气象保障服务调研报告

王东法　石蓉蓉　何凤翩　胡淳焓　尤佳红

（浙江省气象局）

如何找到气象融入乡村振兴战略的切入点，如何谋划气象服务“三农”的新举措，如何提高气象服务在全面实施乡村振兴战略中的贡献率。带着这些问题，调研组分别赴台州、温州、宁波进行乡村振兴气象保障服务调研，通过实地走访和座谈会的形式了解各地乡村振兴战略对气象服务的新需求、新挑战以及气象服务助推乡村振兴的思路和举措。

一、调研的缘起——实施乡村振兴战略对气象服务的新需求和新挑战

党的十九大明确提出要实施乡村振兴战略，实现“产业兴旺、生态宜居、乡风文明、治理有效、生活富裕”；2018 年的中央 1 号文件和《乡村振兴战略规划（2018—2022 年）》以及全国实施乡村振兴战略工作推进会均作出了具体安排部署，也对气象部门提出了“提升气象为农服务能力”“加强农村防灾减灾救灾能力建设”等具体要求；浙江省委省政府提出全面实施乡村振兴战略高水平推进农业农村现代化行动计划（2018—2022 年），要求浙江气象部门完善气象为农服务体系、建设气象防灾减灾标准化村、参与天气指数保险工作等，这些都为气象为农服务工作提供了前所未有的良好机遇和发展动力，也对气象服务提出了更高要求和更多需求。

（一）产业兴旺的质量兴农之路对智慧农业气象服务提出了迫切需求

产业兴旺是乡村振兴的重点。随着浙江大力发展高效生态现代农业，传统的农业气象服务已经不能满足需求，迫切需要提高农业气象服务供给质量和水平。设施农业、特色农业、观光农业的精准化、分众化气象服务新模式亟待探索，特色农业精细化气候区划、农产品新品种引种气候可行性评估等服务领域亟须拓展；培育提升新型农业主体也对进一步提升直通式智慧气象服务提出了更高要求。

（二）治理有效的乡村善治安全之路对气象综合防灾减灾救灾能力提出了更高要求

浙江“七山一水两分田”，农村是气象及其次生灾害的高风险区，再加之农村设施薄弱，“不设防的农村”受气象灾害的影响更大，农村气象防灾减灾成为综合防灾减灾中的薄弱环节。适应国家综合防灾减灾救灾体制机制改革，贯彻“两个坚持、三个转变”的思想，迫切需要进一步找准农村气象防灾减灾救灾体系建设的着力点，进一步融入政府治理体系，提升农村气象灾害监测预警服务和气象灾害风险管理能力，提高气象防灾减灾救灾工作的法治化、规范化、现代化水平。

（三）美丽乡村的绿色发展之路为生态气象保障服务提供了广阔前景

生态宜居是乡村振兴的关键。随着浙江大花园建设的深入和“千村精品、万村景区”工程的实施，如何挖掘气候生态资源，发现气象之美成为新的课题。国家气候标志、中国天然氧吧、气候养生品牌等创

建后,如何进一步拓展生态气象服务产品,助力乡村旅游发展,需要有更深入的研究。同时,农村生态保护和修复也为人工影响天气事业提供了新的发展基点。

二、浙江的实践——初步构建气象为农服务"两个体系"

(一)基本情况

近年来,浙江省气象部门充分发挥气象服务"三农"的职能和作用,初步建成农村气象灾害防御体系和气象为农服务体系(以下简称"两个体系")。

1. 农村气象灾害监测预警能力稳步提升

农村气象观测站网密度接近6千米,气象自动站乡镇覆盖率100%。初步建成精细到乡镇的0~15天精细化、网格化的天气监测预报产品体系,短期天气预报准确率86%以上,台风路径预报误差24、48小时分别为65、130千米左右,突发气象灾害预警提前时效30分钟左右,五年来农村气象服务满意度均在85分以上。

2. 农村气象防灾减灾组织责任体系不断健全

所有市、县政府均成立气象灾害防御指挥工作领导机构,气象纳入省委省政府"平安浙江""美丽浙江""乡村振兴""五水共治"等考核。推动气象融入"网格化管理、组团式服务",气象防灾减灾职责纳入乡镇"三定"方案,乡镇气象工作站覆盖面100%;建有"四员"队伍4.1万人,做到有考核、有部署、有制度、有培训、有保障、有表彰,其中培训率82%,经费保障率80%以上。探索建立了服务责任清单、职能转移清单、购买目录清单、服务产品清单和现代农业气象服务平台(网)"四清单一平台"的为农服务社会化模式。

3. 为农气象服务产品体系不断丰富

建有包括农业气候区划、种植结构优化调整气候可行性评估、特色农产品产量预报、设施农业气象灾害影响预报、气象灾害影响评估、农用天气预报、农作物气象指标等为农气象服务产品体系。"靶向式"直通气象服务直达4.6万新型农业经营主体,覆盖各地主导农业和特色农业生产。开展四大类15种农产品气候品质认证,促使农产品附加值平均提高10%。建立农业保险气象服务技术体系,开发茶叶低温冻害等天气指数保险产品十余种。

4. 农村气象灾害预警信息传播和应急能力逐步提高

初步形成包括网站、广播、电视、手机短信、声讯电话、手机客户端、微博、微信、电子显示屏、大喇叭等10种传播媒介的气象灾害预警信息发布体系。建立了重大气象灾害预警信息全网发布和"四员"队伍再传播机制以及包括"四员"、农业大户等在内27.8万人的突发气象灾害预警短信发布群组。建成气象灾害应急预案体系,市县级政府出台各类气象灾害应急预案245个,100%乡镇(街道)编制气象灾害应急预案,28%的村(社区)制定应急计划。

5. 农村气象灾害风险管理体系初步构建

推进气象防灾减灾标准化建设,截至目前,全省气象防灾减灾标准乡镇(街道)建成率100%,标准化村(社区)覆盖面15%(4538个)。通过建立气象科普馆、气象文化园、乡村气象科普长廊、农村文化礼堂等载体,推进气象科普进乡村,提高村民气象灾害风险意识和防灾应灾技能。

(二)存在的不足

面对全面实施乡村振兴战略对气象服务的新需求和新要求,浙江省为农服务"两个体系"还存在一些薄弱环节:一是农村气象灾害避灾自救能力仍然薄弱,农村气象灾害预警信息传播能力不足,气象防灾减灾标准化建设覆盖面还需进一步扩大;二是为农气象服务智慧化水平有待提升,在创造农民群众美好生活中的作用还需进一步发挥;三是农村生态与气候资源挖掘不够深入,在美丽乡村建设中的助推作用还需进一步加强。

三、未来的路径——构建新时代气象为农服务体系

加强乡村振兴气象保障服务是气象服务“以人民为中心”的必然体现，是新时期气象服务“三农”的最新举措，是推动气象为农服务供给侧改革、解决气象服务能力与需求不相适应矛盾的根本途径。必须转思路、谋新篇、强改革、促发展，用创新的理念和举措，坚持服务三农、服务民生，结合浙江实际，着力农村气象灾害综合防范能力、气象科技惠农富农服务能力、“大花园”生态气象服务能力等“三大能力”建设，努力构建新时代气象为农服务体系，实现有效联动的农村气象灾害防御和智慧精准的气象为农服务，为浙江乡村振兴提供更高质量和水平的气象保障服务。

（一）立足平安农村，提升农村气象灾害综合防范能力，保障农村公共安全

1. 针对气象部门业务痛点，推进基层气象防灾减灾业务信息化

围绕“智能、精准、精确”的要求，以信息化为驱动，提升气象灾害监测预报预警及灾害风险预警能力，建立较为完善的监测预报预警服务产品体系，发挥监测预报在防灾减灾救灾中的信息先导作用。以观测智能化、社会化为抓手，建设高时空分辨率的气象灾害监测网络，实现对重点区域主要气象灾害的高时空分辨率、高精度的综合立体连续监测。改进基于智能网格业务的精细化要素预报、气象灾害预警、灾害性天气落区预报，提高各类预报预警产品的精准度和协同性。深化属地化、分灾种、分区域突发气象灾害预警业务，提高预警准确率和时效性。

2. 针对气象社会管理难点，推进关键主体气象灾害防御标准化

建立村（社区）、气象灾害防御重点单位、气象“四员”队伍、公民等气象灾害防御关键主体责任体系和气象防灾减灾标准化体系，推进气象防灾减灾救灾的规范化、科学化、社会化。针对乡村气象灾害防御，深入推进气象防灾减灾标准化村（社区）建设，融入浙江乡村振兴规划工程。针对重点单位气象灾害防御，完善气象灾害应急准备工作认证制度，联合应急管理或行业管理部门建立监督管理机制；建立气象灾害防御重点单位信息库、名录公开制度和气象服务机制。针对气象“四员”队伍建设，完善管理制度，健全气象信息员队伍建设长效机制；开展气象信息员融入浙江各地政府“全科网格员”建设，发挥网格员在气象灾害预警传播、科普知识传递等方面的作用。针对村民气象防灾减灾救灾能力提升，开展万名气象协理员培训、百场乡镇气象科普讲座等活动；推进气象科普进农村、进校园，引导村民科学主动防灾；结合浙江农村文化大礼堂建设，推进农村文化礼堂气象科普点建设，实现有气象信息传播设施、有气象科普专栏、有气象科普活动、有气象风险地图、有气象联络人员。

3. 针对农村预警盲点，实现气象灾害预警信息进村入户

建设完善突发事件预警信息发布系统，发挥突发预警信息发布枢纽作用，破解预警传播最后一公里难题。建立完善气象灾害预警信息发布和传播权威渠道。强化重大气象灾害全网发布机制、社会传播设施共享机制、气象信息员再传播机制和部门联合预警传播机制。进一步规范乡镇、村（社区）、气象灾害防御重点单位预警信息接收途径和处置程序。建立重大气象灾害预警信息由县级气象部门传播到乡镇协理员、村信息员、各网格负责人直至入户的乡村气象预警信息传播网格，依托各地政府信息进村入户工程，实现气象灾害预警信息进村（社区）入户。

（二）立足产业兴旺，提升气象科技惠农富农服务能力，助推农民群众创造美好生活

1. 针对现代农业发展需求，加快深化智慧农业气象服务科技内涵

围绕浙江高效生态现代农业发展和新型农业主体培育，深化直通式气象服务。研发智慧农业气象APP，实现气象信息精准推送到新型农业主体。科学确定适应需求的天气指数指标，建立农产品天气指数产品体系。建设农业气象专业服务站，探索开展农业气象服务示范基地建设。探索创建设施农业、特色农业、观光农业的精准化、分众化气象服务新模式。

2. 针对特色农产品生产需求,不断提升农业品质提升气象服务能力

加强以茶叶为特色的农业品质提升气象服务,强化全国特色农业(茶叶)气象服务中心职能,建设茶叶气象智慧服务平台,实现基于位置的茶叶智慧气象服务并统一茶叶气象服务品牌,形成面向茶叶生产销售全产业链的气象服务产品体系。以“一市一品”气象服务示范点建设为抓手,提升服务能力。建立健全特色农产品气候品质认证服务体系,实现气候品质认证规范化、标准化、品牌化,有效增加农产品附加值。

3. 针对全域旅游示范县、休闲旅游示范村建设需求,大力发展乡村旅游气象服务

建立农家乐、乡村旅游气象服务标准体系和气象景观、气候适宜性等评估指标体系。开展针对乡村旅游活动及景观观赏的特色气象服务。加强面向农家乐经营主体的防灾减灾气象服务。联合农办、旅游等部门建立乡村旅游气象灾害应对联动机制。

(三)立足美丽乡村,提升“大花园”生态气象服务能力,助推乡村生态振兴

1. 充分挖掘农村生态气候资源,深化“美丽乡村”内涵

提升生态气候资源开发利用能力,深化、细化生态气候资源评估,充分利用中国天然氧吧、气候养生、国家气象公园、国家气候标志等气候品牌建设,为“美丽乡村”增添气象之美。推进气候品牌可持续发展和生态气象服务产品线的延伸。开展村庄规划设计、防洪排涝等农村基础设施建设的气象灾害影响评估,为美丽乡村规划提供气候服务。

2. 加强生态环境气象监测评估,发挥气象科技支撑作用

建立生态气象自动观测网络,健全生态遥感观测业务,完善植被、水体、蓝藻、海岸监测等卫星遥感产品体系,加强山水林田湖草生态气象监测。建立负氧离子监测网络体系,开展负氧离子监测评估工作,发布负氧离子监测信息。开展生态环境监测评估技术研究,研发典型生态系统气象监测评估、生态质量气象评价及生态环境变化等生态气象服务产品。

3. 开展生态服务型人工影响天气保障工作,助力农村生态保护和修复

健全生态修复型人工影响天气作业体系,提高作业能力和效益,发挥人影作业在水库保供水、森林防火、农业干旱、水环境改善等方面的积极作用。推进作业服务区标准化建设,针对地方作业需求和技术试验要求,建立作业设施、作业装备、探测设备等布局合理的常态化作业服务固定区及与地面气象观测业务相融合的云水资源监测网。建设人影作业试验性外场基地,提升作业能力和技术水平。探索作业队伍分类建设机制,因地制宜发挥部门、基层、企业作用,有序推进组织管理、运行机制、合格人员、政策保障“四稳定”的社会化作业队伍。

陕西基层气象防灾减灾救灾体系建设研究与探索

丁传群　戚玉梅　刘嘉楷　李洪斌　白水成　李涛

（陕西省气象局）

为了提升基层气象灾害防治能力，保障人民群众生命财产安全。陕西省气象局组成调研组，采用政策分析、座谈研讨、走访考察、问卷调查等方式开展综合调研，探索陕西省基层防灾减灾救灾体系建设新思路、新路径、新模式。

一、基本情况

近十年，陕西省因气象灾害造成的年均死亡人数减少到39人，较上一个十年下降了60%；气象灾害经济损失占GDP比例，由上一个十年的年均2.65%下降到0.96%。因气象灾害造成的农业经济损失占GDP比例，由20世纪90年代3.5%下降到1.5%。2013年以来，气象为农服务满意度保持在93%以上，助力农民增收800元/(亩·年)。这些成绩的取得离不开基层气象防灾减灾救灾体系的不断完善。

（一）基层气象监测预报预警能力不断增强

立体化气象监测网络基本建立。建成风云3号和风云4号气象卫星直收站。构筑7部新一代天气雷达、2部X波段全固态双偏振多普勒雷达、2部713数字化天气雷达、2部风廓线雷达、1部移动天气雷达组成的观测网。25个国家级地面站实现自动观测，1573个区域气象观测站覆盖全乡镇。空间天气、环境气象、农业气象、交通气象、雷电等专业观测网络初具规模。

灾害性天气预报预警能力不断增强。0时刻到10天的无缝隙网格预报业务初步建成，全省预报网格点14万个，短期预报时空分辨率精细到3千米和1小时，短临预报分辨率达6分钟。在网格预报业务支撑下，初步形成了省、市、县三级集约化的预报业务格局和一体化灾害性天气预警业务流程。

（二）基层防灾减灾救灾服务能力不断提升

气象防灾减灾救灾决策服务更加精准。依托新信息技术，推动决策服务、预警发布等工作从分散化、纸质化向集约化、信息化发展。推动省市级气象灾害应急指挥信息系统与“陕西气象（决策版）”手机APP落地应用。2017年，全省各级部门向地方党委政府和相关部门提供决策服务1.4万余期，其中，报送省级决策服务材料567期，获得省委省政府领导批示15件次；市级决策材料获地方政府领导批示148次。

气象灾害预警信息发布能力持续增强。基本实现国家突发事件预警信息全网发布，搭建起省、市、县级突发事件预警信息发布体系。拓宽气象灾害预警信息传播渠道，建成全媒体预警信息发布手段，预警信息覆盖率超98%。2017年，7200多名气象信息员在全国智慧信息员平台完成注册，活跃人数超40%，预警查看分发9300余人次，累计反馈灾情信息300余条。

（三）基层气象灾害风险防范体系不断完善

气象灾害风险防范能力不断提高。完成全省101个县气象灾害普查和暴雨洪涝灾害风险普查，收集232条中小河流、1285条山洪沟、319个泥石流点、3683个滑坡点等灾害隐患点的信息。建立气象灾害风险管理数据库，编制分灾种气象灾害风险区划，形成全省数字化气象灾害风险地图。

气象灾害风险防范制度逐步履行。按照《陕西省气象灾害防御条例》，加强县级以上人民政府对气象灾害防御工作的组织领导，组织应急演练，提高避险、避灾、自救、互救的应急能力，编制本行政区域的气象灾害防御规划夯实制度基础。

气象灾害风险防范科普得到增强。目前全省有科普示范社区107个、县级科普馆87个、校园气象站116个、乡镇工作站1315个。每年全省气象部门组织开展各类气象灾害科普“进校园、进社区、进农村、进企事业”活动，做到了科普宣传常态化。

（四）基层气象灾害防治组织管理体系基本建立

政府主导不断强化。县（区）政府全部成立气象灾害应急指挥部，4个市、25个县（区）成立突发事件预警信息发布机构，或在原机构中明确相应职责。绝大多数地方镇村综合改革实施方案中确立起镇办“气象公共服务与灾害防御”职能，87%的县（区）将气象防灾减灾和人影工作纳入年度考核，镇（办）气象职能法定“三化一到位”和镇村气象工作有序推进。

部门联动、社会参与机制基本形成。与政府相关部门建立了气象灾害信息共享和工作协调机制，实现市级气象灾害信息双向共享258个，双向共享实现率达到82.6%。市县气象部门与应急办、国土、环保、水利等部门合作，共同提升综合防灾减灾能力。气象协理员、信息员实现镇村全覆盖。

地方气象防灾减灾救灾投入逐年增长。各地政府持续加大气象灾害防治能力建设投入，基层气象防灾减灾救灾基础设施建得到了很大改善。十八届三中全会以来，全省各地气象灾害防治投入持续走高。2018年市级及以下地方投入达到1.27亿元，比2016年增长9.3%。

二、存在的问题

当前陕西基层气象防灾减灾救灾体系建设仍存在基础不够牢、能力不够强、支撑保障不充足的问题，需要给予重视。

（一）基层气象防灾减灾救灾组织管理仍需完善

一是基层属地管理责任落实不到位。市、县级国家突发事件预警信息发布机构落实缓慢，部分县（区）未将气象防减救工作纳入政府考核，气象灾害应急指挥部作用发挥不充分，气象灾害防御责任人信息更新不及时。二是基层气象灾害防御机制落实不到位。政府部门、社会组织、公民等职责不够明确，部门间协同应急反应机制仍不健全。三是基层气象信息员队伍仍有待加强。气象信息员能力参差不齐，工作积极性不高，缺乏“忠诚度”。

（二）基层气象灾害风险管理能力和意识较为薄弱

一是基层气象灾害风险管理能力弱，气象灾害风险防范相关制度体系仍不够完备，已有制度执行力度欠缺。二是基层气象部门综合业务能力弱，不能充分发挥气象部门的决策参考和趋利避害的特殊作用。三是基层气象防灾减灾救灾科普宣教和应急演练不足，导致政府部门应急管理动员组织能力不足。

（三）基层气象防灾减灾救灾设施和技术水平亟待提高

一是气象业务在整体上监测仍有盲区，预报不够准确，防灾减灾缺乏有效手段，边远、边缘地区预警信息没有全面覆盖。二是现有气象业务成果在基层缺乏有效应用，导致气象服务需求旺盛和基层气象部门服务能力不足的结构性矛盾十分突出。三是基层气象防灾减灾基础设施建设水平不高。

（四）基层气象防灾减灾救灾保障能力不足

一是气象防灾减灾救灾法律法规和政策标准体系有待完善。乡镇一级的气象灾害防御规划和村、社区(单位)的气象灾害应急预案(应急工作计划)仍未全覆盖,多灾种的气象灾害防御规范仍需完善。二是气象防灾减灾救灾财政支撑保障仍显不足,部分地方政府的经费保障支撑能力不够。三是基层气象部门因其双重管理的特殊性,要承担来自地方政府和上级气象部门下达的双重任务,存在多头汇报、重复工作现象。四是引导全社会和市场力量参与气象防灾减灾救灾的机制和氛围尚未形成。

三、相关建议

提高基层气象防灾减灾救灾能力,应当做好政策法规体系建设,明晰的灾害管理组织架构和职责,建立完善的基层气象灾害预防机制,提高设防标准,提高基层群众的防灾意识和能力,重视发挥社会力量的作用等方面的工作。

(一)健全与基层机构改革相适应的、与综合防灾减灾救灾相适应的组织管理体系

健全与基层综合防灾减灾救灾相适应的组织体系。随着基层应急管理部门的成立,我们要建立与应急管理部门的工作协同制度,以继续发挥气象灾害应急指挥部作用。推动气象灾害应急指挥和统筹协调职能纳入地方政府综合防减救领导机构职责。落实镇(办)气象职能法定“三化一到位”,推进镇(办)气象工作现代化建设,实现镇(办)气象防灾减灾救灾职能落实的全覆盖。统筹建设“多员合一”的基层气象信息员队伍,建立“网格化管理、直通式服务、多元化参与”的气象防灾减灾救灾基层网格化组织体系。

构建与属地责任相适应的气象防灾减灾救灾责任体系。建立健全气象防灾减灾救灾政府主导机制,将气象灾害的防御纳入国民经济和社会发展规划,所需经费列入财政预算。气象防灾减灾救灾工作纳入政府考核。建立纵向覆盖省、市、县、乡、村五级,横向覆盖政府领导干部、相关部门负责人、重点防御企业责任人、堤围水库防汛责任人、森林防火责任人、学校负责人等的气象灾害防御责任人体系。

(二)建立以气象灾害风险管理为基础并贯穿气象防灾减灾救灾全过程的风险防控体系

提高气象灾害风险防范能力。形成全省各类气象灾害风险区划“一张图”。发展定量化的气象灾害风险评估技术,开展对气候变化背景下极端灾害多发性及其影响异常性的风险分析和评估。强化风险转移意识,推动气象灾害风险评估在保险、期货等行业的应用,为开发气象灾害保险险种、保险费率厘定、保险查勘理赔等提供技术支撑。

健全气象灾害风险防范制度。推进省级气象法治建设,编制和完善到乡镇的气象灾害防御规划。制定和完善到村、社区(单位)的气象灾害应急预案。大力推行乡镇、街道和社区、行政村气象灾害防御准备认证制度。推动建立重大灾害性天气停工停课停业制度。

(三)强化以气象灾害监测预报预警服务为核心的技术支撑体系

建设立体化全覆盖的监测网络。提升监测设施设备的自动化、智能化水平。建设小型无人机观测、微波辐射计垂直水汽观测网,移动气象台、移动天气雷达,风云三号03批、风云四号静止气象卫星省级接收系统。形成由地基、空基、天基观测系统组成的多尺度、无缝隙、全覆盖的气象灾害综合监测网,全面提升气象灾害监测能力。

发展无缝隙智能化的网格预报和基于影响的预报预警。发展基于位置的网格化天气预报,提高气象灾害预报精准度。构建以数值预报及释用技术为支撑的预报技术体系。构建敏捷响应需求、时间空间可调、云计算技术充分利用的智能预报系统。细化气象灾害对敏感行业定量化风险评估指标,建立致灾临界阈值指标体系,研发基于精细化气象预报和致灾临界气象条件的高分辨率、定量化影响预报与风险预警技术。重点加强基于致灾阈值的中小河流洪水、山洪地质灾害风险预警以及城市内涝气象风险预警业务能力建设。发展基于影响的专业气象预报业务,提供满足行业影响分析的基础数据服务,重点

发展支撑农业、旅游、交通、能源、电力、林业等领域的分析预警预报产品。

强化基层气象灾害预警服务能力。建立基层气象防灾减灾救灾数据基础数据库,保障数据动态更新。绘制基层防灾减灾图,综合展示气象防灾减灾救灾信息、气象灾害防御计划或防御服务策略等内容。构筑基层防灾减灾预警信息发布和传播网,及时向各级气象灾害防御相关人员发布气象灾害预警服务信息。各级气象部门建立本地气象灾害预警服务基本规范及分区防御、叫应服务、留痕管理、信息员管理等制度,形成规范气象灾害预警服务制度尺。结合乡镇职能法定,建立基层气象防灾减灾救灾责任人、基层气象信息员、重点单位负责人构成的气象防灾减灾救灾队伍。加快省市县一体化气象灾害防御应急指挥决策支持系统建设。

(四)健全以突发事件预警信息发布为枢纽的信息发布体系

加快推进突发事件预警信息发布系统建设。加快推进"突发事件预警信息发布系统建设(二期)"项目实施,建立省市县一体化突发事件预警信息发布系统,并向乡镇深入延伸。健全省突发事件预警信息发布中心运行管理机制,强化预警信息发布协调、信息传播管理、逐级业务指导职能。落实《中共陕西省委 陕西省人民政府关于推进防灾减灾救灾体制机制改革的实施意见》要求,建设市、县级突发事件预警信息发布中心,争取人员编制和运维经费。

完善预警信息发布传播机制。健全以预警信号为先导的应急联动机制,完善突发事件预警信息发布工作流程,明确各部门职责,建立部门协调机制。完善与工信、广电等部门及通信运营商、媒体的预警信息传播机制,推动政府应急管理部门制定预警信息社会化传播管理办法,健全重大突发事件预警信息全网发布机制。

(五)优化基层气象防灾减灾救灾综合保障体系

加大气象防灾减灾救灾财政支撑保障。建立健全稳定的气象防灾减灾救灾经费投入机制,加大公共财政预算,统筹中央、地方、社会等渠道资金,保障气象防灾减灾救灾基础设施及重大工程建设、人才培养、技术研发、科普宣传、教育培训等方面的经费需求。鼓励社会力量对气象防灾减灾救灾的投入。

强化气象防灾减灾救灾基础设施保障。推动地方政府在气象灾害易发区,野外涉水旅游、娱乐区域等加强气象灾害防御设施建设,加强通信、电力、供气、供排水等生命线以及学校、医院等公共场所的抗灾能力建设,将气象防灾减灾救灾规划切实融入和科学用于城市、新城镇和新建设规划。

上海自贸区气象服务产业发展现状及需求调研报告

——气象服务产业规模化发展探究

金玲　李敏　周伟东

（上海市浦东新区气象局）

中国（上海）自贸区运行五年来，韧性活力持续增强，开放型服务经济发展的定位为专业气象服务发展带来了机遇，为适应各行业对专业气象服务日益强烈的需求，提高针对性和精细化程度，产业化和规模化是开展专业化气象服务试点示范的关键。为推动专业气象服务由过去的“小、低、散”向集约化、规模化的转变，上海市浦东新区气象局专门成立调研组，对自贸区专业气象服务企业的发展现状开展了多种形式的调研，对国民经济各行业对专业气象服务需求进行了梳理分析，思考如何激发市场活力，优化营商政策环境，寻找更好地推动气象服务产业化规模发展的新模式。

一、自贸区气象服务企业发展现状——走入市场 典型案例分析

调研组采取实地调研、电话咨询、资料查询等多种形式，调研了自贸区内涉及气象服务经营内容的公司，并确定以三家专业气象服务企业调研情况为例做出分析，分别为：优尼迈特气象科技（上海）有限公司、上海海阳气象导航技术有限公司和上海二三四五网络科技有限公司。调研工作侧重于两方面，一是加大政策宣传和解读力度，推动政企间良性互动，二是了解自贸区的新政策形势下新兴行业对于专业气象的需求，搭建政企合作平台。

（一）优尼迈特气象科技（上海）有限公司

优尼迈特气象科技（上海）有限公司于 2016 年在上海自贸区注册成立，公司依托气象部门政策平台，提供全球气象水文精细化预报、航路气象查询、航行安全监控与预警、港口信息查询、航运工具等各类 260 多项功能，是目前国内外功能最为丰富的专业化航运气象服务提供商与航运信息查询平台。

（二）上海海阳气象导航技术有限公司

上海海阳气象导航技术有限公司位于上海市自贸区浦东大道，是日本天气新闻公司（WNI）的分支机构，由天气新闻公司与上海海运学院（现上海海事大学）合资兴办，是最早进入中国气象服务市场的海外气象公司。该公司依托上海海事大学技术团队和科研力量，提供全球海洋气象预报、船舶气象导航、船舶节能减排等多种服务，已有十年为船舶气象导航的专业经验。主要业务流程为海阳气象导航公司开发客户后，向天气新闻公司提供客户资料，天气新闻公司通过卫星直接向船只提供气象导航服务。据估计该公司已经占领了 70％的中国气象导航市场，目前正在上海拓展新的气象服务市场。

（三）上海二三四五网络科技有限公司

上海二三四五网络科技有限公司于 2005 年 9 月建立，位于上海自贸区张江科技园区。该公司致力于打造网民首选的上网入口平台，旗下拥有 2345 网址导航、2345 软件大全等知名网站和软件产品，旗下涉及气象服务的产品是“2345 天气王”软件，涵盖预报 15 日天气信息的 APP 应用软件。该企业通过“中国天气网”打包购买气象数据后自行开发了气象预报软件，向用户直接提供全国 2583 个城市天气预

报，实时发布1756个城市空气质量信息等服务，通过调研，该企业的气象服务内容较为单一，主要是通过购买数据的方式开展气象服务。

比较上述三种类型的气象服务企业，优尼迈特气象科技（上海）有限公司与上海海阳气象导航技术有限公司属于较为典型的专业气象服务企业，相应产业优势及特点见表1。

表1 调研典型气象服务企业特点对比表

企业名称	类型	服务内容	发展特点及产业优势	发展瓶颈
优尼迈特气象科技（上海）有限公司	国内民营	气象导航服务等	依托上海气象部门的政策引导，承担服务国家“一带一路”战略气象导航等多个服务，推动了在航运导航这一领域的专业气象服务发展，加之依托气象部门官方平台，较之国外的海洋气象导航更安全可靠	服务面相对较窄，产品相对单一，还在发展的初级阶段，拓展市场有一定难度，在成熟国际市场的竞争势态中，服务单一化的本土后来企业并不占据优势
上海海阳气象导航技术有限公司	中外合资	气象导航服务等	起步早，技术先进，客户资源丰富，规模产业更为成熟	随着新兴的气象服务企业不断发展，国内政策加以对这些企业的扶持，如果不加以推陈出新，会有一定的竞争压力

二、影响专业气象服务发展的主要因素分析

根据以上对专业气象服务机构的调研，调研组认为，尽管气象部门为自贸区气象服务专业化提出了一系列的政策倾斜，但定制化的气象服务需要更多的气象资料、更为专业的技术人员等要素，目前，自贸区专业气象服务依然处于发展初期，且因市场培育度不够、成熟度不高等原因，虽然各行业对专业气象服务都有所需求，但并未形成良好的市场供求结构，为此并没有形成真正的市场化运营，具体提出以下分析。

（一）社会认知度不高

长期以来，气象预报及灾害提醒作为一种公益服务走进各行各业、千家万户，公众普遍接受了其公益的属性，当专业气象服务企业将气象信息以商品的形式投入市场并寻求有偿回报时，这一情形与普遍已有认知形成冲突，较难得到广泛认同和接受。调研中发现，普遍企业认为有了传统的天气预报就够了，不愿尝试采用专业的气象服务，这就阻碍了产品在市场上的认知度的提高，难以唤起相关企业运用气象产品提高经营绩效的意识。

（二）服务能力跟不上市场需求

快速发展的社会经济促进了部分行业对专业气象服务的迫切需求，这类需求更加关注天气的精细演变和灾情实况等对行业造成的影响，故而大大提高了对专业气象服务质和量的要求。相对而言，国内的气象服务水平和国外相比其精细化程度还未能满足行业经济发展需求。

（三）创新及开放程度不够

虽然专业气象服务市场潜力发展巨大，但是市场规则和相关法律法规还有待进一步建立完善。对国际标准的采纳程度、国外成熟的专业气象服务发展经验的程度都有待提高。调研组认为，好的专业气象服务企业要通过好的产品将服务需求和用户从国外引进来，加强开放和学习，形成倒逼企业提高自身

竞争力的有效机制，才能开发出更好的气象服务产品，吸引有实力的服务对象消费我国企业自己的产品。

三、自贸区行业发展与气象服务需求分析

调研过程中，调研组对自贸区内相关行业发展及其对气象服务的需求也作了深度剖析。

（一）物流行业

上海自贸区包括四个特殊区域，分别是洋山保税港区、上海外高桥保税区、上海外高桥保税物流园区和上海浦东机场综合保税区，覆盖了港口、海运、空运、仓储等多个领域的物流市场，对综合交通运输气象保障、物流运输气象保障提出了更多精细化气象服务需求。调研过程中发现，专业气象服务作为基础要素，已经融入了物流服务的支撑平台，可通过开发预报规划物流线路，增强提前告知灾害性天气的收发件功能，提醒客户延误时限等方式，进一步提升了为物流服务的时效和效果，较好地提升了物流气象服务的水平，这为提升行业整体水平提供了广阔的发展前景。

（二）金融保险业

气象金融市场在发达国家及一些发展中国家已比较成熟，它在分散和降低天气风险的影响方面起到了极大的作用，是天气风险管理发展的一个新方向。在众多气象金融产品中，天气指数保险产品因其成本较低、合约周期短，有着巨大的市场潜力。自贸区运行以来，区内金融产业经济体量持续增大，带动了衍生气象金融产品的市场需求，大力推动天气指数保险制度及天气衍生品市场，会更好地满足中国广大的农业、商业及个人天气风险管理的需求。目前，国外的天气指数保险经过了十余年的发展，有一套相对成熟的经验与运作模式值得借鉴，可利用大数据，不断完善气象观测和数据收集体系，充分挖掘气象大数据在气象金融领域内的价值，为气象金融市场的长远发展创建良好的基础环境。

（三）无人驾驶智能化行业

上海自贸区内集结了物联网、云计算、人工智能、高端装备等各种新兴产业，具有国内国际领先的优势。以“新能源汽车＋智能驾驶”为方向的现代汽车产业为例，基于自动驾驶技术的无人机和无人车发展都需要有更高精的天气服务，以应对恶劣天气下的安全自动驾驶这一难题。以全球汽车巨头之一的福特汽车为例，近期为专业气象服务公司筹集了 4500 万美元，用于开发天气预报在自动驾驶技术中的应用系统，以实现利用高精天气信息完成自动驾驶汽车路线规划的目标。未来，利用实时气象数据选择恶劣天气条件下自动驾驶汽车的最佳行驶路线将是专业气象服务发展的又一朝阳领域。

四、关于激发市场活力的制度创新的建议

过去几年间，上海气象部门致力于推动上海自贸区气象服务专业化试点，立足全国复制推广，着力推动气象服务市场标准体系和气象服务市场监管体系建设两项“众包”式改革；立足市场实践，着力发展多元化、多层次、有秩序的气象服务市场。2014 年 10 月 16 日，中国气象局批复同意《上海自贸区气象服务市场管理改革试点实施方案》，在上海自贸区率先试点建立符合国际化和法治化要求的外资气象服务市场管理体系，打造气象服务市场管理制度“试验田”，为深化气象服务体制改革积极探索可复制、可推广的经验和制度。2015 年上海气象部门成立“自贸区气象信息服务市场管理标准体系建设研究”软科学研究项目组，2016 年上海市气象局出台了气象信息服务市场管理标准体系框架。2017 年 8 月 22 日，上海市气象局与浦东新区人民政府召开第二届区局合作联席会议，双方将共同支持在中国上海自贸试验区开展气象服务专业化试点，推出相应配套政策，逐步形成气象服务供给主体和供给方式社会多元

化格局。

在以上政策基础上，本调研组给出以下建议。

（一）继续出台鼓励性政策措施

努力健全服务保障体系。营商环境是重要软实力，也是核心竞争力。上海市副市长翁铁慧提出，上海将进一步增强服务意识，甘当服务企业的“店小二”，主动跨前、千方百计为企业提供良好服务。面对国外气象服务企业逐步进入我国市场带来的竞争压力，要推动国内气象服务产业化发展，上海自贸区无疑需要鼓励性政策措施，建议：一是加大扶持国内气象服务企业，向有需求的各行业进行优先宣传推广；二是鼓励气象服务企业开展气象服务信用评价，对信誉高的国内气象服务企业发放相应的信用等级证书并向社会公布；三是支持信用高的气象服务企业参加政府采购，在气象信息服务类的政府购买服务方面优先考虑。

（二）推动政府数据有序开放

目前中国气象局加大了气象数据的开放力度，已经有相当数量的气象数据得到了开放。然而，部分气象数据的开放，对于精细化气象产品开发者而言是不够的，基于大数据集成化发展的趋势，建议分步有序地加快气象数据开放力度。上海自贸区试点气象服务产业化工作，可优先开放大部分数据给自贸区内成立的气象服务企业，试行培育企业成长数据共享的政策法规，待试点取得经验后再逐步向社会全面推广。

（三）优化气象服务企业的营商环境

当前，无论是国内服务企业的逐步壮大还是国外气象服务企业进入我国服务市场，都对气象部门形成了一定的竞争压力。为此，上海气象部门要积极利用上海自贸区这个平台为我国气象服务专业化发展与改革开放探路破局，要打破垄断，合作共赢，促进专业气象服务形成产业化规模，增强良性竞争能力，政府和企业在合作竞争中谋求共赢发展，兼顾相关方的合理关切，努力营造良好的共同发展的营商环境。

（四）充分借鉴发达国家发展经验

在上海自贸区开发开放的进程中，很重要的一点是把制度创新作为突破口，按照国际规则和惯例，按照市场经济原则，重塑经济组织，以制度创新激发服务产业规模化发展的活力和强化可持续发展的程度。为此，在自贸区通过国外服务企业的入市，积极借鉴发达国家发展经验，推行适合我国实际的制度创新，积极扶持本土气象服务企业，增强其服务优势和服务的安全性，形成一套适合我国国情的气象服务企业发展模式。

（五）设立气象服务产业社会化机构

建立气象部门与气象服务市场主体紧密联系的桥梁和纽带，充分发挥其统筹协调、专业服务的双重职能，在为企业提供专业化服务、帮助企业解决实际问题等方面发挥更加积极作用，成立上海市气象服务产业社会化机构，形成支撑气象服务产业发展的良好公共服务体系。

专业气象服务调研与案例分析报告

朱平　黄金霞　陆伟　殷美祥

（广东省气象局）

为了适应经济发展新常态，在新时代更好发挥气象服务趋利避害的作用，为扩大广东专业气象服务有效供给开阔视野、启迪思路，我们分析整理了4个参考借鉴意义较大的专业气象服务案例，进行了思考分析，形成分析报告。

一、南京梧桐飘絮影响预报受好评

（一）案例概况

南京市的梧桐飘絮问题多年来困扰着南京市民特别是敏感人群，30多年来，园林部门采用了嫁接、修剪、喷药等多种手段防治，均收效甚微。江苏省气象局围绕需求，加强与园林部门的合作，开展梧桐飘絮影响预报，让公众知悉梧桐飘絮分布情况，以便采取防御应对措施。梧桐飘絮预报产品主要情况如下：一是融合数据建立预报模型，基于精细化气象数据、梧桐树高度、胸径、生长状态、果球位置等数据（园林部门协调农药公司提供），建立梧桐飘絮影响预报模型，结合飘絮实况观测数据，应用人工智能技术完善模型。二是社会参与促进优化提升，通过用户评价和互动采集用户反馈信息，反哺算法模型，实现对飘絮预报模型的持续正向优化。三是多渠道提供精细化定制服务，通过微信、微博、网站等渠道为公众提供所在位置或关注路段的服务，包括实况、72小时内逐3小时精细化预报和趋势预报等，受到政府、媒体和公众的认可，南京市绿化园林局将飘絮预报经费列入年度财政预算。

（二）思考和启示

找准需求是根本。梧桐飘絮是南京市民高度关注的问题，开展专业气象服务要切中社会关切，围绕地方政府、行业部门、社会公众较为突出的需求开展业务组织、平台建设和产品服务。

融合数据是基础。梧桐飘絮预报模型的建立离不开梧桐生长等数据，而相关数据也并非来自政府管理部门而是来自于社会企业。因此，要注重跨行业跨领域的数据、资源的深度融合，充分利用部门联合、社会众创等方式强化多源头多领域基础数据的采集、挖掘与应用。

核心技术是关键。案例中人工智能技术和社会化观测数据对建立优化预报模型起到了关键作用，近年来随着大数据挖掘、机器学习技术的发展，使智能服务成为可能，必须积累学习核心技术并应用到气象服务中来，提升专业气象服务智慧水平。

用户体验是核心。案例中多渠道提供的精细到路段的定制式服务，提升了用户体验，受到了公众欢迎。

二、珠海专业气象服务有声有色

（一）案例概况

珠海市气象局通过体制机制、业务流程、服务方式创新，专业气象服务经济社会效益显著。一是创新体制机制，珠海市气象局通过公益三类事业单位珠海市公共气象服务中心承担专业气象服务业务，以团队负责制运营，采取工作业绩、岗位职责与绩效收入挂钩原则，每月开展绩效评价，每两年组织一次竞争上岗。二是优化业务流程，建立了强有力的后台技术支撑与前端业务开拓、后期用户服务相衔接的专业气象服务业务流程，充分利用防雷检测业务员与用户（如房地产企业）近距离、面对面接触的机会，充分挖掘客户资源和需求。通过成立研发团队、与中山大学开展技术合作方式为前端专业服务提供强有力的技术支撑。为有意向用户提供专业服务试用，通过价值体现逐渐吸引用户定制。三是周到贴心服务，以“客户体验至上”为服务理念，量身定制、专人对接、定期回访、双向互动，为用户提供“VIP”式的气象服务，如服务人员手机 24 小时待机，随时提供电话咨询服务。

（二）思考和启示

理顺健全了管理和运行体制，通过成立专门机构、建立业绩与收入挂钩机制，建立了有效的人才激励和约束机制，提升了专业气象服务积极性。转变了服务理念，珠海专业气象服务由等人上门转变为主动服务，定期出具服务效益小结，站在用户角度思考，帮用户说话。提升了用户的气象意识，接受了周到专业气象服务的用户对服务的认可度高，企业负责人、安全部门对气象服务工作非常重视，能够熟练应用气象信息指导生产、趋利避害，产生了明显的效益。为服务全省建筑工地提供了经验，以防雷检测人员为主要组成的珠海市公共气象服务中心服务建筑工地经验丰富、效益显著，可供各地借鉴。

三、湛江港气象服务需求明确且巨大

（一）案例概况

湛江港是“一带一路”战略 15 个重点建设港口之一，是中国大陆通往东南亚、中东、非洲、欧洲和大洋洲航程最短港口，历史上台风、风暴潮、暴雨、大雾等气象灾害均对湛江港区造成过重大经济损失。目前，湛江港正在建设气象预警系统，以减轻台风、风暴潮、阵风、暴雨、大雾、温度、湿度、潮汐、雷电等九大灾害性天气的影响。湛江港区对气象服务的具体需求如下：一是预报预警信息网格化，湛江港集团辖区范围广、区域分散、作业货类齐全、从业人员多，不同港区受天气影响不同，需要对湛江港区域实施网格化管理（如按照 1 km×1 km），针对格点所在区域提供更加准确的预报预测数据，以便精准安排生产或防护等工作，如：区分重点防护区域、停止作业区域、提前恢复作业区域等。二是预报预警时间精准化，现有常规预报预警信息的时间精度不足，不能直观反映未来 24～48 小时各气象要素的连续变化，需要在现有 12 小时预报的基础上，提供时间分辨率更加精细的预报，如：未来 72 小时（或更长时间）逐小时预报等，部分特殊要素预报预警时间精细度要求更高。三是信息推送方式多样化，需要探索更多更有效的预报预警信息推送方式，如：紧急信息可以考虑通过人工或者自动拨打电话或者手机的模式；还可以考虑通过网页、短信、微信、传真、APP 等多种方式获取信息。另外，对各种气象要素，湛江港均结合其生产实际，提出了非常明确具体的服务需求。如关于大雾，湛江港希望实现分区域对大雾预警，以预警数据为依据与海事局协调按分区域封航或者提前准备解封事宜；关于温度，希望预测各港区温度的变化，按时间渐进分三级进行预警，以便在预测温度超过高温值（35 ℃）时停工，在低于低温值时，开启热循环防止石化码头公司油品凝固。

（二）思考和启示

通过深入调研发现，港口对气象服务的需求包括航线运行、货物存放、机械防风防台安全、生产运营等方方面面，需求明确具体且巨大。不深入调研很难掌握这些需求点，甚至行业自身也不清楚气象服务可以趋利避害。因此，需深度融入各行各业实际生产中，挖掘专业气象服务需求点。

广东海岸线长，港口众多，不同港口之间有不少共性的气象服务需求。建设好湛江港气象预警系统,可为服务其他港口积累可复制可推广的经验。

四、惠州以创建天然氧吧为抓手,提供生态旅游气象服务综合解决方案

(一)案例陈述

惠州市气象部门积极围绕博罗县、龙门县全域旅游示范县的试点要求,以中国气象服务协会组织的"中国天然氧吧"创建活动为契机,探索省—市—县气象部门合作模式,发掘当地高质量的旅游憩息资源,倡导绿色、生态的生活理念,发展生态旅游、健康旅游,并提供精细生态旅游气象服务。罗浮山景区、龙门县分别成为获此殊荣的全国发达地区(京津冀、长三角、珠三角)唯一景区和粤港澳大湾区唯一县城。目前,罗浮山景区已成为全国天然氧吧年度旅游热度前十强。2018 年国庆长假,龙门县接待游客 120.86 万人次,同比增长 9.26%,实现旅游收入 7.64 亿元,同比增长 19.05%。

高要求合力创建"中国天然氧吧"。一方面,广东省气象局强化组织协调,成立"中国天然氧吧"申报和生态旅游气象服务领导小组,惠州气象部门积极协调地方政府给予财政经费支持,并通过地方政府协调环保、林业等部门在申报工作上给予协助。另一方面,成立以广东省生态气象中心、惠州市气象公共服务中心为主的技术工作组,积极对罗浮山景区、龙门县气候条件、空气质量、水质及植被覆盖状况、负氧离子状况进行综合评价,为创建活动提供了翔实的科学依据,获得了中国气象服务协会的好评。

高标准构建生态旅游气象观测系统。紧紧围绕"中国天然氧吧"创建要求,惠州市气象部门为罗浮山景区、龙门县分别建设"1+3"(1 个生态气象观测主站和 3 个负氧离子监测站)和"2+6"(2 个生态气象观测主站和 6 个负氧离子监测站)模式的生态旅游气象观测站网。主站布设综合气象与大气成分观测设备,测量风力、风向、降水、气温、气压、湿、能见度等气象要素,并对生物舒适度、负氧离子、大气成分、温室气体等要素进行观测,能有效反映区域天气现象、空气污染程度和人体舒适状况。子站作为辅助站点,测量风、温、降水、负氧离子等要素,与主站共同构成空间覆盖均衡的生态旅游气象观测站网。

高质量打造生态旅游气象服务平台。结合当地生态旅游气象服务需求,惠州市气象部门为罗浮山景区、龙门县建设生态旅游气象服务平台。一方面,该平台能向旅游局、景区及运营中心发布灾害性天气监测及预警,为管理部门科学运营调度、及时启动相关应急响应提供技术支撑。另一方面,该平台整合罗浮山景区、龙门县主要景区的电子显示屏,向公众实时显示天气现象、舒适度、负氧离子实况等,并发布精细化气象预报、预警信息,为游客了解当地生态气象状况、选择景区游览项目或调整旅游出行计划提供参考。

(二)思考和启示

围绕国家重大战略的气象服务需求迫切。此案例是惠州市气象部门紧紧围绕国家生态文明建设、全域旅游发展等重大决策部署,抓住中国气象局"天然氧吧"创建契机,结合当地政府建设"绿色现代化山水城市"目标进行的气象服务成功探索。

专业气象服务需合理分工并形成合力。用户对气象服务的需求往往是综合的,气象观测、预报、服务、防雷等各部门应当打破气象服务"单打独斗"的传统,省、市、县三级气象部门应当发挥各自优势,合理分工,形成合力,形成内容涵盖气象观测、预报、服务的全链条综合解决方案。

总结专业气象服务开拓思路。针对生态旅游这一重点领域,省局探索实践了"细分四类需求深度调研—省局赋能单位能力汇聚—省市联合推进试点—成功案例剖析推动"的专业服务思路,该思路可为开拓其他服务领域提供参考。

五、关于推进广东省专业气象服务的思考

(一)深入开展调研明确重点领域

开展专业气象服务需求调研,特别要融入用户实际应用环境,切实摸清用户需求。分行业分领域深入开展调研,找准不同行业领域对气象服务的需求点,指导专业气象服务产品研发。对机关事业单位、企业、公众分类开展调研,了解不同属性服务对象对气象服务的需求和实现方式。

服务国计民生重要行业和领域,找准专业气象服务切入点和着力点。“上对天线”,积极做好“一带一路”“粤港澳大湾区”等国家重点战略气象保障服务。“下接地气”,重点做好交通、电力等与广东经济社会发展息息相关且与气象因素密切相关行业领域的气象服务。“普惠民生”,围绕新时代人民美好生活需要,开拓旅游、健康等专业气象服务领域。

(二)坚持创新驱动强化技术支撑

发展核心技术。深度对接调研获取的用户需求,加强云计算、大数据、人工智能等前沿技术的应用,充分挖掘气象监测预报信息潜力,研发适应具体应用场景的核心技术,丰富专业气象服务产品科技内涵。通过以购买、交换、建立伙伴关系等途径,建立包含交通、地理、农业、生态环境、统计、海洋等领域的行业大数据。基于大数据技术促进气象数据和相关行业数据的融合,开发农业、交通、海洋、旅游、卫生等专业气象服务指标,研发精细化的专业气象服务数值模式和基于影响的专业气象预报预警等核心技术。

促进技术转化。围绕重点领域,组建全省性专业气象服务创新团队,建立以增加知识价值为导向的利益分配机制,开展关键技术攻关和服务产品开发。加强相控阵雷达、Grapes 区域数值预报模式、精细化网格预报等先进监测预报技术在专业气象服务领域的应用,促进成果转化和技术创新。

(三)创新专业气象服务业务组织方式

“全省一盘棋”规划气象部门专业气象服务发展,科学确定业务流程和布局分工,建立集约化、规模化的专业气象服务发展机制。专业气象服务技术和平台逐步向省级机构集约,市、县级气象部门负责与本地专业用户和省级专业气象服务机构的联系和沟通,鼓励有条件的市局开展当地需求强烈、地域特色明显、对当地经济发展有重大影响的专业气象服务。建立供给和服务需求对应规则,实现部门内的供给资源转移。

选取市场需求大、服务基础好的生态旅游、交通(高速公路、港口)、保险、导航等行业作为专业气象服务试点项目,细分需求深度调研,省市合作联合推进,分领域、分行业,集中优势资源,先行先试积极打造专业气象服务成功案例,形成可复制可推广的专业气象服务模板,以点带面推动全省专业气象服务规模化发展。鼓励气象事业单位以合作、授权、独立开展等方式参与专业气象服务市场竞争,建立与企业间的资本“纽带”或技术“纽带”。

关于吉林省气象部门党员思想状况和发挥作用的调研报告

李洪臣　于洪生　于顺河　蔺豆豆　刘柏鑫

（吉林省气象局）

为全面了解党员队伍思想现状和需求，省局党建办在全省气象部门开展了党员思想心理和发挥作用状况的调查，提出措施建议，为省局科学决策提供参考。本次调查主要通过发放调查问卷和现场调研方式进行。调研组通过问卷调查获得调研数据2万余条，面向全省气象部门在职党员808人发放了调查问卷，调查问卷回收597份，回收率73.89%。回收的调查问卷中有136份无效问卷，其他461份问卷均有效可用，回收问卷的有效率77.22%。

一、基本情况

（一）党员年龄结构

全省气象部门党员35岁（含）以下166人，36～45岁125人，46～55岁140人，56～60岁30人。

（二）文化程度

全省气象部门党员中具有硕士研究生及以上的101人，本科320人，专科及以下40人。

（三）岗位及党龄结构

全省气象部门党员管理岗位216人，业务岗位237人，工人8人。党龄11年以上的221人，6～10年的140人，1～5年79人，不满1年的21人。

（四）职务职称结构

全省气象部门党员局级7人、处级68人、科级153人、科级以下233人。高级及以上职称101人，中级196人，初级90人，无职称74人。全省气象部门党员年龄在55岁（含）以下的占比达93.49%。超过一半比例的党员文化程度为本科，业务与管理岗位党员数占比相当，近一半的党员具有中级技术职称，6年以上党龄的占比达78.31%。

二、现状分析

全省气象部门绝大多数党员具有坚定的政治立场和理想信念，坚决维护习近平总书记在党中央和全党的核心地位，坚决维护党中央权威和集中统一领导。调查显示，92.41%的党员入党之后思想从未出现过动摇；95.44%的党员在国家、集体、个人利益发生冲突时以国家利益和大局为重，可以牺牲个人利益；90.02%的党员认为理想信念指引工作生活的正确方向；98.92%的党员为自己的身份深感光荣，敢于亮身份，工作上能经常提醒自己要比一般群众做得更好。

“学用新思想、推动新发展”氛围基本形成。调查显示，党员注重政治素养提升，先锋模范作用有效发挥。党员的政治理论学习意识不断增强，93.49%的党员每天定时安排时间学习党的政治理论，积极参加党组织安排的集体学习；80.04%的党员很愿意参加集体学习，并主动和单位提出需求；88.72%的人对身边党员发挥作用的评价是冲锋在前、好于群众，对身边党员发挥先锋模范作用的满意度超过80%。

党员领导干部率先垂范作用有效发挥。绝大多数的党员领导干部能够以身作则，坚持问题导向、引领示范作用明显。81.34%的党员认为所接触到的党员领导干部在理想信念方面表率作用发挥突出、引领作用明显。90.45%的党员认为党员领导干部的先锋模范带头作用高于普通党员。

绝大多数党员爱岗敬业，履职担当。能够将自我发展与事业发展有机结合，在工作中注重个人价值的体现以及工作质量和效率。调查显示，超过70%的党员有明确的职业规划，希望在岗位上发挥作用，实现自身价值。88.29%的党员表示同事不在时愿意替岗，珍惜每一次学习新东西的机会。党员个人能力素质提升方面创新能力提升需求最高，超过了70%，其次是理论水平和业务知识。超过70%的党员没有心理健康方面的困惑和需求。93.49%的党员参加政治理论、文化和业务知识的学习，主要目的为丰富自身知识结构，更好地履职尽责。

绝大多数党员在工作岗位上主动作为，对气象事业发展充满信心，注重个人素质提升和心理健康与减压调节。调查显示，93.49%的党员在工作中遇到困难会主动应对，寻找解决办法。90.24%的党员比较满意自己目前的工作现状，93.49%的党员具有总体平和的工作情绪。93.71%的党员对吉林省率先实现农业现代化气象服务保障工程充满信心，会立足本职岗位，尽责履职，做好服务和保障。

党建工作效果明显。坚持问题导向开展基层党建工作，有效发挥了基层党组织战斗堡垒作用和党员先锋模范作用，能够围绕中心任务开展工作，党风廉政建设不断加强。调查显示，97.39%的党员认为党组织重视党建工作，超过80%的党员对身边党员参加组织生活和履行党员义务的评价为积极。

三、存在的主要问题

调研组通过对调研数据的分析，可以看出全省气象部门党员思想心理和发挥作用情况整体良好，主流符合新时代的发展要求，但仍存在一些急需关注和解决的问题。

一是少数党员角色错位，组织纪律观点淡薄、宗旨意识不强。调查显示，1.74%的党员在国家、集体、个人利益发生矛盾时主张公私兼顾，不损个人利益为前提。6.07%的人认为所接触的党员存在先私后公的现象。

二是少数党员领导干部思想建设松懈，存在“两面人”倾向。调查显示，0.87%的党员认为党员干部理想信念表率作用不突出，不如普通党员。认为党员干部道德境界不高，对待上级领导和下级同事两种态度的比例为11.71%。极个别党员领导干部理想信念的表率作用一般。

三是党员先锋模范作用示范引领需要进一步加强。调查显示，17.35%的党员想发挥作用，但是怕别人说自己出风头；极个别党员存在“想发挥作用但不知道怎样做才算发挥作用”的情况。

四是基层党组织生活开展不深入。调查显示7.81%的党员觉得党内批评与自我批评流于形式，存在“担心批评狠了，同事、领导不高兴”的现象。2.39%的党员觉得开展批评与自我批评的效果因人而异，领导是否带头开展批评和自我批评，效果不一样。

四、措施建议

（一）提升政治站位，强化党的组织建设

一是全面落实党建工作责任，牢固树立“四个意识”、坚定“四个自信”，做到“两个维护”，强化“一岗双责”，切实把党组（党支部）书记的领导责任、主体责任、第一责任落实到位。通过增强基层党组织负责

人的角色意识和政治担当，把党支部打造成坚强的战斗堡垒。

二是选准选好基层党支部书记，加强党务干部队伍建设。调查显示，66.39%的调查对象认为，选准选好基层党组织书记、加强党务队伍建设是加强和规范党组织管理的有力措施。一方面要重视党组织书记的选配，另一方面要加强党务干部的培养和业务指导。

三是抓好全省气象部门党务干部培训和调研学习，了解和掌握党建基础知识，提升气象部门党务干部抓党建、抓好党建的能力和自信，成为加强和规范党组织生活管理的行家里手。

四是强化党员教育，增强党员参与组织生活的自觉性。要把组织生活作为教育党员、管理党员的有效方法，引导党员树立先锋模范意识和主动示范意识。

（二）严格标准程序，提升党内组织生活质量

严格组织生活标准、程序，切实做到组织严密、内容严实、推进组织生活规范化。

一是层层推进基层党组织建设规范化标准化工作。用3年时间，把气象部门基层党组织全部建成党建标准化达标单位。让标准化组织生活成为党员生活常态和习惯，营造组织生活从严从实的新风尚。

二是强化示范带动作用，发挥先进基层党组织的标杆作用，着力打造一批基层党建工作示范点，让做好基层党组织建设规范化标准化看得见、摸得着，学得会。

三是加强督促指导，完善党内组织生活制度。上级党组织要加强党建工作调研，加强党内组织生活的督促、指导和考核，把组织生活列入绩效考核，常过问、常指导，注重发现典型、推广经验，发现问题，完善制度、督促整改，推动全省基层党组织规范开展党内组织生活。

（三）以解决问题为导向，发挥党组织和党员作用

一是增强组织生活的针对性，服务于中心工作。要精心遴选组织生活主题，围绕中心工作，精心组织岗位练兵、主题实践等活动，促进党员综合素质和效能提升，服务气象防灾减灾工作。

二是丰富活动形式，创新管理方法。要在组织生活载体上，把握党员需求，服务党员需要，精心设计活动主题和活动方案，开展形式多样、有意义、有实效的组织生活。要创新思维，充分利用信息技术，发挥新媒体优势，建设全省气象部门党建宣传教育“微阵地”，高效能、广覆盖地开展党员教育。

三是用好党建述职述评结果。通过述职述评，展示党组织、党员、党务干部的工作效能、工作作风、工作成效，将考评结果作为年终考评和干部选拔任用的重要依据和参考，使党内组织生活真正与党员干部的工作生活、个人成长密切联系起来。定期组织开展党员业绩述评活动，让优秀党员脱颖而出。

（四）强化保障措施，为组织生活提供必要条件

一是落实好专项经费。认真贯彻中央《条例》和省委《实施意见》，把党员学习、教育、活动所需经费列入本单位行政预算，保障工作需要。

二是配齐基层党组织专职党务干部，加强培训与交流，充分调动党务干部干事创业的热情。

三是建好党建工作阵地，为党员学习和活动开展提供便利条件。

由于全省气象部门基层党组织活动的广泛性、多样性和抽样的局限性，调研情况难以反映全省气象部门党内组织生活的全貌，情况分析及建议对策谨供参考。

气象服务融入地方发展现状调研报告

刘建军　谭华　黄峰　张玉兰　亢艳莉

（宁夏回族自治区气象局）

为更好地服务宁夏经济社会发展，进一步找准气象工作融入式发展的切入点和部门间合作的重点，调研组采用实地和资料调研相结合的方式在全区气象部门开展了气象服务融入地方发展工作调研。

一、气象事业融入地方发展的基本情况

（一）地方政府出台相关文件情况

1. 气象事业发展纳入各级政府"十三五"规划

宁夏农业气象服务和农村气象灾害防御体系建设、人工影响天气能力建设、美丽宁夏城市气象保障工程写入自治区国民经济和社会发展"十三五"规划。5个地市"十三五"规划中均对气象事业发展有描述，主要将气象为农服务、气象防灾减灾能力建设、气象助力精准脱贫和人工影响天气工作列入纲要中。

2. 气象工作主动融入自治区"三大战略"

全区各级气象部门均能够主动融入"三大战略"，其中气象助力精准扶贫被自治区列入13大扶贫攻坚计划，在自治区创新驱动战略和生态立区战略中均有关于气象工作的论述。5个地市政府在落实自治区"三大战略"中均将气象工作列入其中。在各市、县（区）政府贯彻落实自治区"三大战略"工作中，有8个市、县（区）明确了气象工作任务，还有6个虽然没有明确，但是各气象局都在主动融入当地政府。

3. 气象工作融入本级政府"乡村振兴"工作

区局参与《宁夏乡村振兴战略发展规划（2018—2022年）提纲》的编制，自治区党委、政府将"建立农村气象信息预警发布系统，加强农村防灾减灾救灾能力建设和开展国家气候标志认证"等工作列入《自治区党委、人民政府关于实施乡村振兴战略的意见》中，并纳入《实施乡村振兴战略综合考评方案（试行）》。5个市局和14个县局中，有13个市、县政府都将"农业气象服务体系和农村气象灾害防御体系"纳入当地政府的《乡村振兴实施方案》和《施乡村振兴战略目标管理考核》，其他市、县虽然没有明确将气象工作列入其中，但各单位主动融入地方发展，围绕乡村振兴战略的实施，制定了相关工作方案。

4. 气象工作在空气污染防治中作用凸显

区局参与自治区空间规划"三区三线"划定，开展空气质量、重污染天气预警等，出台了《宁夏气候资源开发利用和保护办法》。19个市、县中除西吉县没有明确工作任务外，其他所有市、县在空气污染防治中均安排了重要任务。

5. 气象部门参加农业特色产业发展规划情况

自治区批复成立了"1＋4"模式的农业优势特色产业气象服务中心。19个市、县（区）中有3个在当地农业特色产业发展规划中明确气象工作，《银川市加快推进葡萄产业集群化发展实施意见的通知》《中卫市2018年农业农村工作要点》和青铜峡市的《农业农村工作安排意见》明确安排气象部门的任务。

(二)地方机构设置和资金支持情况

1. 本级政府设置在气象部门的地方机构

自治区政府在区气象局设置自治区人工影响天气中心、自治区农业优势特色产业综合气象服务中心、自治区突发事件预警信息发布中心,成立红寺堡区气象站。区、市、县三级政府均设置了人工影响天气与气象灾害防御指挥部办公室(其中吴忠市等13个地区分设为人工影响天气办公室和气象灾害防御指挥部办公室两个机构)。平罗县还在县气象局设置了平罗县重大沙尘暴灾害应急指挥部。

2. 地方支持职工津补贴情况

除泾源县、隆德县外,其他所有单位职工津补贴全部纳入地方财政预算,具体支持金额见图1。

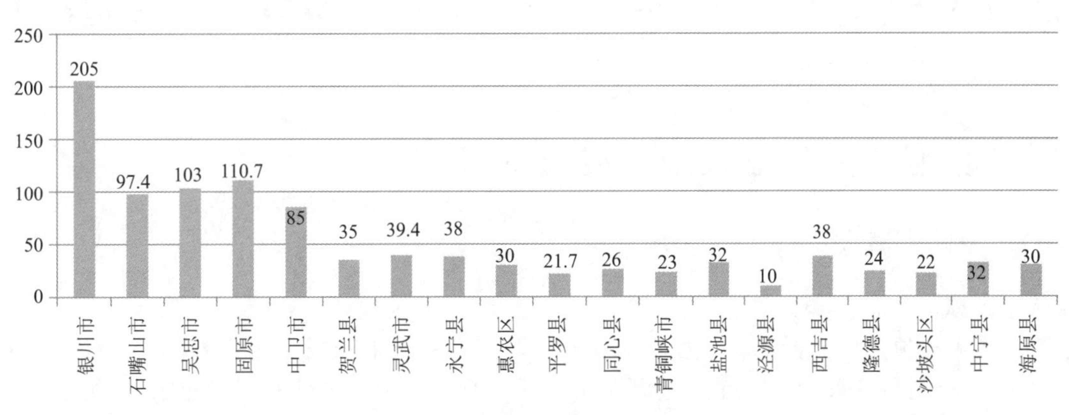

图1 各市、县气象局地方支持职工津补贴(万元)

3. 近三年地方支持的气象事业发展经费情况

地方支持气象事业发展经费主要为业务维持经费和项目经费,近三年来具体支持情况见图2。

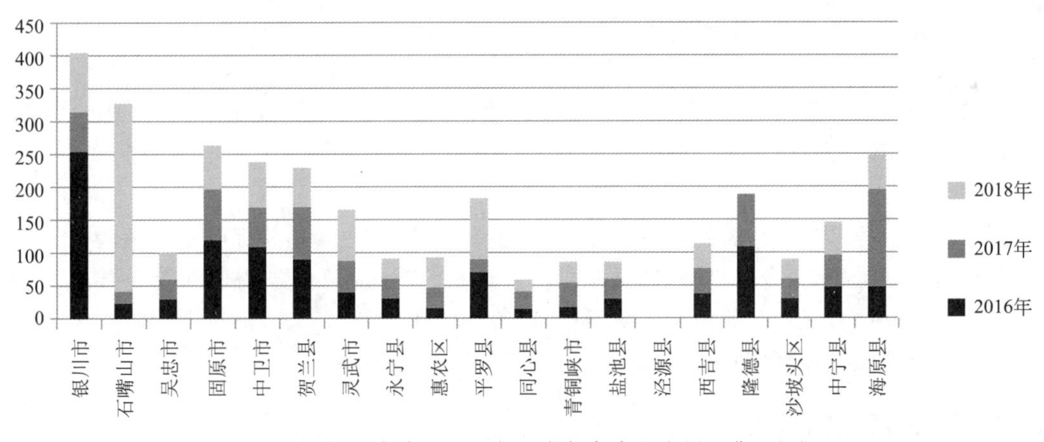

图2 各市、县气象局近三年地方气象事业发展经费(万元)

(三)气象防灾减灾和为农服务等组织体系建设

1. 气象防灾减灾体系建设

建立了“政府主导、部门联动、社会参与”的气象灾害防御体系。区、市、县政府均成立了人工影响天气与气象灾害防御指挥部,指挥部办公室设在当地气象局;各乡(镇)、街道办成立了乡(镇)气象灾害防御领导小组。预警信息发布对象覆盖决策层领导、各相关部门主要负责人及下辖重点行业、各乡镇、各行政村等。强化了多灾种部门应急联动机制和综合防御职责,每年组织召开气象灾害防御部门联席会议,并与各部门签订气象灾害防御联动协议,强化部门联动和信息共享。建立气象信息员队伍,明确市、县、乡、村四级气象联络员，形成了各级各部门纵横联合的防御队伍。

2. 气象为农服务体系建设

各级气象部门每年以人工影响天气与气象灾害防御指挥部名义，召开气象为农服务和部门联席会议。区、市、县政府均将气象为农服务经费纳入政府公共财政预算。气象工作作为实施乡村振兴战略的主要内容之一纳入对各市、县政府的目标考核。组织开展标准化农业气象服务县和标准化气象灾害防御乡镇的建设，创建国家级和区级标准化农业气象服务县、气象灾害防御乡镇。

（四）地方对气象部门给予的人员支持情况

自治区政府支持区气象局地方编制人员 16 人。市、县级政府对气象部门给予的人员支持主要为公益性岗位人员、实习大学生、“4050”人员和“三支一扶”人员。2018 年，有一半以上的单位有人员安排，人数从 1～4 人不等。

二、气象服务主动融入地方发展的现状

（一）气象防灾减灾

1. 技术支撑

宁夏推进天气预报预警业务集约化调整，形成了区级集约开展预报预测业务，市、县级负责天气监测和对区级天气预报预警的实况订正和应用服务的天气预报预警业务体系。近年来，区级宁夏智能网格预报业务系统、智能化公共气象服务产品综合发布系统发挥了重要作用，推广应用的主要业务系统有：宁夏区、市、县三级天气预报集约化业务平台，宁夏地面基础气象资料服务平台，宁夏县级综合气象服务系统，宁夏智能化综合气象业务服务共享管理平台，县级综合观测业务平台（MOPS），宁夏气象农村预警信息发布平台，宁夏智能化农业气象业务平台等十余个业务平台。市、县级对“宁夏区、市、县三级天气预报集约化业务平台”使用率最高。

2. 服务方式

主要采取手机短信、国突平台、电子显示屏、预警大喇叭、电子邮件、传真、电话、12121 自动答询电话、微博、微信、电子政务网、电视等服务方式。

3. 部门联合

各单位分别与水务、国土资源、住建、交通、农牧、生态环境、林业等相关部门签订共同推进气象灾害应急处置合作协议，建立应急合作机制、加强应急信息通报、强化应急信息沟通和资源共享。共同开展灾情调查、气象灾害风险评估、气象相关科研、科普宣传等工作。与水务、自然资源、林业、生态环境等部门联合发布气象灾害风险预警信息。

（二）气象助力精准脱贫

1. 助力解决因灾致贫返贫问题

加强贫困地区气象监测预报，南部山区监测站网密度 7.0 km×7.0 km，超过全区 8.3 km×8.3 km 的平均水平，每个乡镇至少有 1 个气象灾害监测站。通过共建共享共用的方式在每个乡镇建设气象信息服务站，组建气象信息员队伍 7902 多名，其中驻村干部 2602 名，确保每个乡镇、行政村至少有 1 名气象信息员。每年举办气象信息员培训班 1～2 期。完善气象灾害预警信息发布平台，及时通过气象信息员、电子屏、大喇叭、网站以及电视、电话等传递气象灾害预警信息。

2. 改善贫困地区气象服务供给

在固原、同心等贫困地区开展杂交谷子引种推广等农业气象适用技术 3 项。完成“中国・中宁枸杞”国家气候标志认证，启动酿酒葡萄气候品质认证工作。对接自治区扶贫云，建立了扶贫对象数据库，

对扶贫对象和3420个新型农业经营主体开展“直通式”服务。在贫困县推广使用手机APP,为农民合作社、农业专业化服务组织推送精准到户、到产业的气象预警、农业种植、养殖等气象信息。

3. 强化生态扶贫气象服务保障

围绕自治区“生态立区”战略需求,聚焦生态扶贫,开展生态移民、生态旅游、植被修复、湖泊湿地等重大工程气候效应评估。针对贫困县区光热发电、风电、机场规划等项目开展了气候可行性论证和评估服务。开展城市暴雨强度公式修编工作,为固原市“海绵城市”建设运行提供技术支撑。启动了生态与农业卫星遥感监测应用平台和固原、永宁、中宁等气候与生态综合探测基地建设。开展了重污染天气、有害生物防治、山洪灾害、森林草原火险等级等预报预警,服务大气污染防治攻坚战和生态保护建设。

(三)气象服务助力乡村振兴战略、乡村旅游气象服务

1. 气象助力乡村振兴

根据《自治区党委、人民政府关于实施乡村振兴战略的意见》,各市、县(区)政府将“建立农村气象信息预警发布系统,加强农村防灾减灾救灾能力建设和开展国家气候标志认证”等工作纳入当地政府推进乡村振兴战略实施方案中,并明确气象部门具体工作任务。中卫市、银川市分别开展“中国·中宁枸杞”和酿酒葡萄气候品质认证工作,为打造“宁字号”品牌提供气象保障。

2. 乡村旅游气象服务

银川市在贺兰山岩画、绿博园、西夏王陵、镇北堡西部影视城等景区建设多媒体设备,每天发布天气预报和实况,实时推送天气预警信息,并搭建城市气象服务平台,进一步完善旅游气象相关指标。石嘴山市通过电视天气预报栏目开通沙湖、韭菜沟、归德沟、王泉沟旅游气象服务窗口,每天定时播出。平罗局和县文化旅游局合作,开展了基于位置的天气预报自动推送服务。青铜峡市将所有景区负责人纳入手机短信和国突平台。

(四)地方政府、各部门和用户等对气象服务满意度

通过调查反馈,地方政府、各相关单位和用户对气象服务情况评价整体比较满意。特别是重大天气过程和重大活动气象保障服务的主动性和积极性得到决策层和各部门的一致好评。但同时也提出一些意见和建议:一是希望提高预报预警准确率;二是存在服务频次较高,一天内发布多个预警,进行多次服务的情况;三是部分材料的建议存在针对性不强、不全面的问题,预报提示信息凝练不够精准,没能较好地站在信息接收方的角度考虑。

三、气象服务融入地方发展中存在不足

经过各级气象部门多年的融入式发展,气象服务已积极融入地方经济社会发展中,各行各业对气象的依赖度越来越高。但对标新形势、新需求,气象服务要深度融入地方发展还存在一些问题和不足。

(一)需求把握不准确

各直属单位、各市县局没有深入一线了解气象服务需求,很难将气象工作紧密地融入地方发展,切入点找不准。气象服务与部门、地方发展结合不够紧密,对政府及相关部门的政策、规划掌握不全面。气象服务与行业发展融合不深,缺乏利用气候资源、气象信息助力行业发展的意识。

(二)服务针对性不强

虽然目前开发的服务产品种类众多,涉及面比较广,但因需求把握不准确、上下衔接不充分(区级开发和市县级使用人员)、基层服务人员能力不足等原因,致使开发的服务产品创新不足,与农业特点不能

很好地结合起来，提出的措施建议专业性不强、针对性不够。预报产品代替服务产品的情况依然存在，气象服务不能真正满足行业、产业对气象工作的高要求。例如，自然资源部门需要地质灾害风险点的预报、旅游部门需要景区逐段线路的监测结果和旅游气象故事等，农业、水利部门需要较长预见期的气候预测等，目前的服务水平还不能满足要求。

（三）对气象部门自身服务能力掌握不透

一方面是市、县（区）气象局自身能力不足，不能很好地将气象工作融入地方发展；另一方面是市县局对区局各直属单位的底细摸不透，不知道区局能提供什么产品，导致区局有能力，市县局有需求，但是需求与能力不能得到很好的衔接。

（四）过度预警的现象依然存在

近年来，由于安全生产责任重大，逼迫气象部门有警必报，气象预警信息越来越频繁，县级一年发布的预警信号平均达 130 次以上。当天气过程不严重时的预警、实况出现后的预警或者预警不准确次数过多时，对服务对象造成一种麻木的心态，真正有警情时反而不能引起更大的重视，“狼来了”的现象突出。

四、气象服务融入地方发展的几点思考

（一）准确把握需求，提高气象服务针对性

积极探索气象服务融入地方发展的切入点，结合政府规划和地方发展实际，做好相关服务保障工作。各级气象服务部门要去机关化，走进田间地头、街头巷口，深入一线，切实了解各行各业对气象服务的需求。积极探索普适性与多样性相结合的服务方式，不搞大一统，而要根据农业生产中的关键气象因素，帮助解决实际问题，要提倡质的提升、抑制量的扩张。建议组织区、市、县三级气象部门开展防灾减灾、为农服务、精准扶贫、旅游气象等服务专题调研活动，切实找准各级气象部门开展服务的切入点。

（二）努力提高预报预警准确率

通过调研了解到，所有被服务对象对气象的需求首先为“报得准”，所以预报更加精细、预警提前量和准确率更高是当务之急。应加强区级气象科研力度，不断提升气象现代化能力，提高气象预报预警准确率和智能化网格预报的可用性。要加强精细服务产品的研发，将网格化预报产品体现到服务之中。

（三）充分做好遥感监测应用

遥感技术的出现和发展为气象行业提供了全新的思路和探测手段，为气象事业的发展奠定了技术保障。加强遥感技术在农业监测与估产、林业监测、森林防火监测、干旱监测与评估、沙尘监测、雾和霾监测等的应用，尽快开发遥感监测应用系统，并向市县级气象局推广应用，助力自治区“生态立区”战略大有文章可做。

（四）中长期气候预测需求旺盛

无论是决策层、农口部门或是农业生产者，对中长期气候预测的需求都十分迫切。从要素来说，需要强降水、强降温等过程、气候现象、气候事件、气候灾害和极端事件以及面向行业的预测；在时间尺度上，需要延伸期（10～30 天）至年的无缝隙链接。这就对气候预测提出了更高的要求。

（五）专业气象服务要更“专”

专业气象服务在普适化服务的基础上，要在“专”“精”上下功夫，不能只是直接提供气象数据，也不能只是简单地提供预报产品，而是要以用户需求为导向，提供“产品＋服务”的个性化、订制式解决方案。横向通过与农业、水利、交通、能源、卫生、旅游等部门的密切沟通，共建项目、共享平台，实现部门间基础数据动态共享、业务互通，纵向联合区、市、县三级气象部门，集约专业气象服务，延伸服务链条、提升科技水平。

推进“四个体系”建设　强化防雷安全监管

——防雷安全监管“四个体系”建设情况调研

周福　廖良清　史海锋　高亮　陈昊

（浙江省气象局）

为进一步完善气象部门防雷安全监管体系建设，调研组围绕在新形势下气象部门如何推进防雷安全监管四个体系（组织体系、制度体系、考核体系、支撑体系）建设，如何全面履行防雷安全监管职责，落实防雷安全主体责任等方面问题，先后赴广东、嘉兴、衢州、温州和湖州等地开展调研，并深入桐乡局、德清局等基层气象部门实地考察和座谈，研讨防雷安全监管工作存在的问题和措施。

一、防雷安全监管“四个体系”建设成效明显

（一）防雷安全监管组织体系基本形成

全省各市县地方机构基本建立，县级气象局“一局一台一中心”的建设格局基本形成。全省97%的市县级气象局均成立了地方气象事业机构，来承接气象（防雷）安全管理工作，其中77%的为全额财政拨款地方机构。各市县将气象防灾减灾（防雷）职能纳入乡镇、街道“三定”方案成效显著，纳入比例达到54%，同比上年（13%）提高41个百分点，基层气象防灾减灾组织保障进一步加强。各市县气象局执法能力进一步加强。绍兴、杭州、衢州市气象局成立气象行政执法机构，配备专门的行政执法人员，履行气象行政监管和执法职能。全省气象行政执法持证人员共610人，其中市县568人。具备了全省以市局为主，县局配合的执法体系建设基础。除1个市局、5个县局外，其余市局气象执法人员数均不少于10人，县局执法人员数均不少于3人。

（二）防雷安全监管制度体系逐步健全

在防雷改革背景下，中国气象局陆续完善一系列防雷方面的法律法规。近期省局完成了《气象法》立法后评估工作，向中国气象局提交了评估报告，为下一步《气象法》《气象灾害防御条例》以及中国气象局有关部门规章的修订提供了参考和建议。

在省级法规制度体系建设方面，浙江省人大和省政府先后出台了《浙江省气象条例》《浙江省气象灾害防御条例》和《浙江省雷电灾害防御和应急办法》。根据相关法律法规，省气象局近年来制订了《浙江省防雷安全重点单位管理办法（试行）》《浙江省防雷装置检测“黑名单”和“红名单”管理办法（试行）》《浙江省气象局防雷安全监管双随机抽查实施办法》《浙江省防雷装置检测机构监督管理办法》等多个规范性文件，同时省气象学会出台了《浙江省防雷专业技术人员能力（水平）评价办法》，为推进和深化防雷社会管理奠定了法制和政策基础。

为深入贯彻落实《国务院关于优化建设工程防雷许可的决定》（国发〔2016〕39号）文件精神，在浙江省人民政府办公厅下发了《浙江省优化管理服务促进防雷安全工作的指导意见》的基础上，全省7个市、31个县（市、区）气象局推动政府出台了防雷改革和防雷安全监管配套文件。

市县气象局加快推进防雷安全监管制度体系建设。在信用管理制度方面，杭州、衢州、湖州、桐乡、义乌、永康、永嘉等市县局出台了防雷检测机构信用等级评定管理办法，加强防雷检测机构信用管理。

宁波、舟山、萧山、浦江等市县出台了防雷安全监管双随机抽查实施办法或细则，进一步规范防雷安全监管工作。宁波市局出台了《宁波市防雷安全重点单位监管工作规程》《宁波市防雷装置检测单位监管工作规程》；衢州市局出台了《衢州市气象部门防雷安全监督管理实施办法（试行）》，完善防雷安全监管制度体系。

部分市县气象局会同建设、安监、旅游、教育等部门联合发文，加强对中介服务机构、图审机构、易燃易爆场所、AAA级旅游风景区、中小学等的联合监督管理，建立了联合监管体制机制。

（三）防雷安全监管考核体系初步建立

省气象局依托省防雷安全监管信息平台，建立以地方政府属地管理责任和部门监管职责为主要指标的市县防雷安全管理评价指标体系，现已投入业务使用，下一步将对各市县防雷安全管理工作进行动态考核。全省气象部门全面纳入“平安浙江”考核。近年来，省委以重大气象灾害防御为考核指标，强化了气象部门对地方政府防御重大气象灾害的考核职能。2017年，省气象局与省安监局联合转发了《中国气象局 国家安全监管总局关于进一步强化气象相关安全生产工作的通知》，将“气象安全工作纳入安全生产综合检查巡查和安全生产责任制考核体系”。各市、县（市、区）气象局推动落实防雷安全管理纳入地方目标管理考核或安全生产考核体系取得了成效，目前全省有67%的市县已发文正式纳入地方目标管理考核体系或安全生产考核体系，推动防雷安全管理工作向乡镇、街道延伸。

（四）防雷安全监管支撑体系不断完善

随着防雷业务体制改革的深入，各级气象安全技术中心的技术支撑职能进一步强化。温州市局开展了气象安全技术中心改革试点，加强了气象安全监管和重点单位公共服务职责履行，承担了气象灾害风险管理、防雷安全监管、基层气象防灾减灾体系和“四员”队伍建设等具体工作，发挥了技术优势。杭州市局在气象安全技术中心履职方面做了有益探索和实践，加挂了“气象行政执法监察技术中心”和“城区气象工作指导中心”的牌子，强化了执法队伍建设和执法能力，增强了城区气象灾害防御能力，加强防雷安全事中事后监管水平。省气象安全技术中心协同温州市局、台州市局探索推进区域雷评取得了实效，为安全中心的转型发展提供了宝贵的经验，开创了气象业务服务新局面。各地在“十三五”建设规划项目中加大投入，优化和升级雷电监测站网，建立完善雷电实时监测和短临预警业务系统。强化雷电监测技术、雷电致灾机理、雷电灾害调查鉴定和防护技术等雷电业务研究，注重科技成果的转化和推广应用，提升防雷减灾的科技支撑能力。

二、存在的主要问题

（一）“四个体系建设”建设进度参差不齐

各市县局在开展和推进防雷安全监管“四个体系”建设进度不一，部分市县推进进度偏缓偏慢。湖州、金华、衢州、舟山、丽水等5个市防雷工作职能纳入乡镇（街道）“三定”方案的比例均不足25%；嘉兴、衢州、舟山等3个市纳入地方考核的比例均低于20%。金华、衢州、嘉兴3个市和温州、嘉兴、丽水、衢州、舟山的绝大多数县政府没有出台贯彻落实国务院防雷优化整合文件，全省未出台文件的市县政府总数共34个，占总数的48%。

（二）监管能力与实际需求不适应

“四个体系”建设中，组织体系建设虽然取得新的成效，但执法队伍建设仍然薄弱，与落实主体责任要求相比不相适应。随着监管转向“事中事后监管”为主，以及防雷检测市场开放后市场主体迅速增加并多元化，监管任务越来越重。气象部门执法监管机构尚不健全，大部分市局均未成立专门的执法机构或执法队伍。尽管全省执法人数能基本满足市局不少于10人、县局不少于3人的要求，但是专职执法人员数量明显偏少，且业务素质与管理要求相比有差距。防雷检测市场资质证挂靠现象严重，但资质挂靠的界定依据和查处能力不足，配套制度建设还不完善，直接影响监管效果。

（三）防雷技术支撑体系与实际需求不相适应

防雷改革以后，防雷技术支撑能力主要表现为省级最强，市级弱化，县级几乎丧失。而防雷监管的技术支撑，主要需求在县和市，支撑能力与需求出现了明显的倒挂。大量需要技术人员参与的防雷安全技术性检查难以实施到位，防雷检测资质开放以后，挂靠的分公司在市县（特别是县级）出现的违规检测现象得不到查处。

三、下一步工作任务和举措

（一）完善组织体系

以贯彻落实国务院防雷优化整合为契机，持续着力推进地方事业机构建设，成立云和、庆元两个地方性事业单位，实现全省地方机构建设全覆盖。持续推进地方机构编制的落实工作，推进洞头、遂昌、青田三个已成立的地方机构落实人员编制，实现地方编制落实、经费全覆盖。持续推进防雷减灾职能纳入乡镇（街道）“三定”方案，继续利用1～2年的时间，逐步实现将气象防灾减灾（防雷）职能全面纳入到乡镇（街道）“三定”方案。

（二）完善制度体系

继续推进地方政府出台贯彻落实防雷许可优化整合文件，金华、衢州、嘉兴3个市和温州、嘉兴、丽水、衢州、舟山等地的县要抓紧时间推动地方政府出台文件，落实政策。在杭州、衢州、湖州及少数县出台防雷检测机构信用管理制度的基础上，省局借鉴基层具体实际，适时制定防雷检测机构信用管理办法。以“最多跑一次”改革为抓手，继续完善防雷审批相关管理制度。建立健全部门联合检查、联合执法等制度，探索部门委托执法工作机制。根据地方政府双随机抽查系统管理要求，继续完善双随机抽查管理制度，与地方同步实施双随机管理。完善旅游景区防雷安全标准化建设管理制度，继续推进旅游景区防雷安全管理。

（三）完善考核体系

持续推进地方政府将气象防灾减灾（防雷）工作纳入目标管理考核和安全生产考核，利用2年左右的时间，推动地方政府纳入考核全覆盖。深化对列入地方政府考核的气象防灾减灾的考核内容、机制研究，强化考核的可操作性。完善省局防雷安全监管信息管理平台的防雷减灾工作评价模型，及时动态对防雷减灾工作进展情况进行评价，并完善通报机制。发挥平台考核和相互借鉴学习功能，加快推进全省防雷安全监管“四个体系”建设平衡发展。

（四）完善支撑体系

充实市级气象安全技术中心队伍，完善中心的支撑职能，强化中心的实体化运作，全面发挥中心在气象灾害防御中的技术支撑作用。继续完善安全中心的防雷减灾工作职能，探索省市县联动的防雷技术支撑机制，发挥省市防雷专业技术人员在防雷安全检查中的作用，解决县级防雷监管的技术支撑需求。

(五)进一步发挥“四个体系”建设在防雷安全监管中的作用

以“四个体系”建设为基础，落实防雷安全属地管理责任、企业防雷安全主体责任和检测单位主体责任，推进“四个体系”在防雷安全监管中的作用。在明确乡镇(街道)“三定”方案的基础上，加强乡镇(街道)防雷工作具体职能研究，指导基层政府落实防雷监管工作；不断完善信用考核的条件，强化信用制度的执行，推进信用记录竞现，强化信用管理的导向作用；发挥以市为主、县级配合的市县执法联动机制，加强行政执法和事中事后监管；加强省、市、县联动的技术支撑保障，通过检测质量考核、专项检查等方式，加大对违规检测的查处力度；采取“互联网＋监管”的监管模式，利用互联网手段及时掌握防雷安全监管信息，实现监管信息全覆盖，再在信息全覆盖的基础上推进现场检查的双随机抽查工作；推进部门联合检查和执法，提高监管效能。

国家突发事件预警信息发布系统非气象类信息发布情况的报告

郑江平　王佳禾　陈洋　杨继国　吕宸　武蓓蓓

（中国气象局公共气象服务中心）

从 2007 年中国气象局启动国家突发公共事件预警信息发布系统（以下简称“国突系统”）工程立项，到 2015 年国家预警信息发布中心正式挂牌成立、国突系统正式业务运行，再到 2018 年全国 24 个省（区、市）成立省级突发事件预警信息发布中心，历经十余载，中国气象局作为建设实施单位，建成了国家、省、市、县四级相互衔接、上下畅通的预警信息发布体系。为全面了解国突系统非气象类预警信息的发布情况，有针对性地提升预警信息发布的服务水平，中国气象局公共气象服务中心（国家预警信息发布中心）通过走访座谈、发放调查问卷、邮件电话询问和互联网查询等方式，开展了系统调研。调研组走访了应急管理、农业农村、水利、自然资源、生态环境等部委，通过调查问卷了解了北京、天津、河北、浙江、江西、湖北、广东、贵州、云南等九个省（市）的非气象类预警信息发布情况。

一、调研基本情况

（一）国突系统非气象类预警信息对接情况

在国家级层面：除气象外，国突系统已汇集了外交、安监、农业、林业、旅游、公安、民政、国土、工信、水利、环保、卫生健康、食药、海洋、地震等 15 个行业领域的 55 类预警信息。从全国来看，国突系统已接入 20 余个行业预警信息，形成对四大类突发事件预警信息的汇集与发布能力。2018 年，党和国家机构改革以来，国家预警信息发布中心原有对接的行业部门由 15 个转为 11 个。从预警类型来看，应急管理部和自然资源部在预警信息发布的类别上占据多数。据不完全统计，除已对接的部门及相关预警信息外，仍有少部分行业的预警及重要提示信息尚未接入国家预警信息发布系统，共包括 5 个部门 11 类预警信息。

在省级层面：全国各省（区、市）分别与公安、民政、国土、环保、交通、铁路、水利、卫生、安监、林业、旅游、地震、电力、海洋、应急办、广电、食药监、教育、住房城建、国防、农业、海事、人防办、通管局、武警等近 30 个主要行业部门签署了合作协议。

从各省（区、市）行业对接情况来看，按对接数量划分，超过一半的省份对接了环保、国土、水利、林业、地震、交通、农业、安监、应急办、卫生、武警、民政、旅游、人防办、教育等 15 个行业。其中环保行业实现了 31 个省份全部对接。广电、食药监、海事、公安、海洋、通管局、住房城建、电力、铁路、国防等 10 个行业对接率相对较低。从行业对接后的业务化情况来看，按对接数量划分，国土、环保、林业、水利、地震、农业、交通等自然灾害类预警信息较多的行业业务化情况较好。

（二）国突系统非气象类预警信息发布情况

在国家级层面：已对接 15 个行业、55 类非气象类行业预警信息。水利、海洋、外交、地震、国土、安监等自然灾害高影响行业的预警信息发布量较大。其他涉及社会安全、卫生事件、事故灾难类突发事件的部门，如环保、农业、卫生计生、食药、工信、公安等，信息发布量相对较少，甚至无信息。

全国总体来看:截至2018年11月,所有行业共发布预警信息100.7万条。除气象部门外,外交、国土、农业、教育等21个行业通过国突系统发布预警信息17415条。其中,按发布信息数量降序排列,国土8755条,林业4365条,地震1814条,水利936条,海洋438条,环保426条,其他行业共681条。经调研统计,2018年非气象预警信息发布7317条,较2017年的4888条增长了49.69%。全国通过预警短信面向决策用户发布预警信息28.5亿条,较2017年增长644.13%。各行业预警发布数量逐年提升。另一方面,从总量来看,各行业发布的预警信息占总量的1.73%。

(三)国突系统非气象类预警信息发布工作机制

国突系统在建设与应用过程中,坚持政府主导,建立了多层次的长效运行机制。一是政策层面制定了系统运行规范。2015年6月,国务院办公厅秘书局印发《国家突发事件预警信息发布系统运行管理办法(试行)》。全国31个省(区、市)陆续分别印发了本省运行管理办法,规范了各级突发事件预警信息发布工作。二是工作层面落实了预警信息发布工作协议。按照"不改变各部门发布责任权限,不替代各部门原有发布渠道"的原则,国家预警信息发布中心与各个行业的预警信息发布责任单位签订了突发事件预警信息发布工作协议,明确了信息发布职责、发布流程。三是形成了面向部委单位的工作通报制度。国家预警信息发布中心建立了面向有关部委的工作通报机制,每季度通报一次预警信息发布情况和业务动态,目前已发布4期。四是结合需求建立了特殊的工作机制。针对一些业务运行薄弱、技术能力有欠缺的部委单位,国家预警信息发布中心与其协商建立了预警代发机制,由国家预警信息发布中心业务运行人员操作系统,在征得相关单位同意的情况下,录入发布预警信息。例如,已通过代发机制发布外交部风险提示106条。

此外,在省级层面也形成了一些具有地方特色的预警信息发布工作机制。广东明确由气象部门的省突发事件预警信息发布系统统一发布突发事件预警信息,其他任何组织和个人不得向社会发布预警信息。上海、贵州、云南等省市先后建立了突发事件预警信息发布联络员会议工作制度,定期开展联络员例会与发布系统、工作机制相关培训。重庆永川区深化应用预警系统,扩大信息发布范围和合作单位,实时发布政府各类提示信息。

二、非气象类预警信息发布效益与未来挑战

(一)部门利用国突系统产生显著社会效益

国家预警信息发布中心成立以来,纳入了四大类突发事件中较多的预警类型,各级部门在利用国突系统发布预警及提示类信息方面的效果显著。2018年11月23日,国家药品监督管理局发布了《关于停止生产销售使用特酚伪麻片和特洛伪麻胶囊的公告》(2018年第92号),此公告信息通过国突系统面向社会公众广泛发布,提醒公众停止此类药品的使用。2017年5月12日,新型"蠕虫"式勒索病毒爆发,不仅在世界范围内造成了极大的危害,对我国的很多行业网络也造成极大影响,国家预警信息发布中心紧急代发由公安部网安局发布的警示信息,提醒广大计算机用户升级安装补丁,进行安全设置。2017年12月18日,国家预警信息发布中心与外交部领事保护中心共同签署国家突发事件预警信息发布工作协议。截至2018年年底,外交部领保中心利用国突系统发布中国公民海外安全警示信息100余条,第一时间面向应急责任人和海内外中国公民权威发布,提醒将赴海外和身处海外的中国公民注意生命和财产安全。2016年3月上旬,甘肃省迭部县达拉林场发生森林火灾,国家森林防火指挥部于2016年3月7日16时首次利用国突系统正式发布高森林火险红色警报,同时通过国家级预警发布管理平台将预警信息下发至四川北部、甘肃南部的受影响地区。接到下发的国家级预警信息后,四川、甘肃两省及其地市联合当地防火指挥机构立即做出响应,利用国突系统进行预警转发,通过本级预警发布手段,及时向影响范围区域内的应急责任人和社会公众进行发布。经过紧急联动扑救,火灾很快得到控制。

事后，国家林业局森林防火指挥部领导致电国家预警信息发布中心表示感谢。2015年，上海车展举行期间，上海市预警信息发布中心利用国突系统提前连续发布了车展大客流预警提示信息，使车展客流量由15万人下降至9万人，大大降低了大客流聚集可能产生的风险。

（二）国家突发事件预警信息发布系统发展仍面临挑战

国突系统建成至今，非气象类预警信息发布工作已在全国取得了显著的成效，得到了良好的应用。与此同时，亦存在以下可继续推进和改善的问题值得思考。

（三）一些信息“不便发”

经调查，一些部门尚存其他类预警和重要提示信息，但在合作过程中未在国突系统发布，例如教育部的留学和学生提示信息。此类信息无相应信息发布的类别和等级标准，以致不符合国突系统现有的标准，尚未进行对接。另外，一些部门虽已进行协议合作，但因其信息内容涉密，暂未通过国突系统发布，如农业的动物疫情等信息。同时，部门的预警信息发布缺乏普适性的监管考核机制。哪些类预警信息该不该发、该发时有没有发等问题，都还有待在法律、机制等各方面进一步进行探索。

（四）部分预警“不敢发”

经走访调研发现，一些部门已进行对接合作且有相应的预警信息发布标准和规范，但发布策略、精准覆盖人群等方面仍有待完善，因此为避免策略不当和不精准发布引起公众恐慌和打扰，这些部门多利用自有渠道在涉灾地区责任人范围发布预警信息或内部参阅信息，例如卫生部门的传染病信息、水利部门的洪水信息等。

（五）个别部门“不愿发”

调研发现，一些部门的预警信息发布需求暂未得到满足，包括预警信息发布的覆盖面、时效性、渠道等。例如外交、旅游等部门希望通过央广媒体等渠道发布预警信息，并希望预警信息精准送达受影响人群。这些需求都尚未得到满足。再如，地震部门希望提高预警信息的发布时效性。另外，一些交通部门已自有完备的道路交通信息发布系统和渠道，国突系统对其暂未产生吸引力，以致这些部门“不愿发”。

三、启示与建议

（一）进一步推动各类预警或提示信息纳入预警信息发布体系

后续工作中应该继续扩大信息汇集的范围，进一步推动各类预警或提示信息纳入预警信息发布体系，尤其是具有地方特色的防灾减灾提示信息。在信息汇集中，要特别注意跳出气象预警的标准化思维，在预警发布责任单位的指导协调下，灵活配置各类提示类信息的发布等级与发布策略。同时，应加强推动建立健全预警信息发布的相关政策法规，明确预警信息的概念、内涵与发布责任。

（二）启动重要突发事件预警信息发布策略的研究

当前，预警信息进入国突系统后，基本是使用全手段矩阵式发布，精准度不高。为解决这一问题，应启动预警信息发布策略方面的研究。发布对象方面，应区分不同预警的受众范围，例如对社会影响大的地震、洪水预警在应急责任人范围内发布。发布手段方面，不同预警应采用不同的发布手段，避免全手段发布造成的资源浪费或者信息骚扰，例如研究蓝色预警不通过手机短信发布是否可行。发布内容方面，应推动实现基于地理位置的精准预警和基于用户需求的风险预警研制。要尽快形成一批发布策略方面的理论成果，用于指导预警信息发布业务运行，提升预警信息的质量与效能。

（三）着力提升国突系统核心能力

国突系统对部委单位应用的吸引力，主要体现在系统信息发布的核心能力和核心指标上，如覆盖率、送达速度、精准程度等。因此，要依托工程与科研项目，尽快推动预警信息发布核心能力提升。一是提升预警信息发布的速度，在当前覆盖能力基本成型的前提下，争取实现紧急信息在一定范围内的极快速发布。二是依托工程继续提升预警信息覆盖面，解决偏远地区的定向发布问题。三是结合风云卫星应用等技术，打造气象部门的骨干发布渠道，切实提升气象部门自主可控的发布手段能力。

青海气象部门专业技术人才队伍建设调研报告

白海　胡景国　李宏娟

（青海省气象局）

人才资源是推动气象事业发展、推进气象现代化建设的第一要素。为进一步摸清青海气象部门专业技术人才队伍现状，深入了解专业技术人才队伍建设存在的问题，我们先后通过深入直属单位、市州气象局、县级气象局对专业技术人才队伍进行专题调研，认真思考青海气象部门专业技术人才队伍建设面临的突出矛盾和问题，提出了进一步优化专业技术人才引进、培养与管理的对策建议。

一、专业技术人才队伍建设总体情况

近年来，青海省气象局专业技术人才队伍不断壮大，素质不断提高，结构不断优化，截至2018年9月底，专业技术人才队伍总量达到1467人，大气科学及相关专业人员比例、县局中级职称以上人员比例高于全国平均值1.44%和2.33%，本科以上人员比例、地方人才工程人员比例接近全国平均值。

职称结构：具有正高级专家8人，副高级专业技术人员197人，占13.9%；中级专业技术资格人员734人，占50%；初级专业技术资格人员427人，占29.1%。

学历层次：具有博士学位4人、硕士学位127人、大学本科学历1026人（占69.9%）。

专业结构：大气科学类专业810人，占55.2%；管理类专业59人，占4.0%；计算机与应用类专业119人，占8.1%；法学类专业21人，占1.4%；信息与电子类专业129人，占8.8%；农学类专业55人，占3.7%；财会类专业40人，占2.7%；环境类20人，占1.4%。大气科学类专业最高学历为本科有633人，占78.1%，大专学历117人，占14.4%，中专及以下学历有60人，占7.4%。

年龄结构：全部职工平均年龄40.5岁。其中35岁以下职工495人，占33.6%；36～45岁职工364人，占24.9%；46～55岁职工559人，占38.1%；56岁以上职工49人，占3.3%。

人才队伍类型：公共气象服务人才队伍200人，预报预测人才队伍97人，装备保障人才队伍134人，气象信息技术人才队伍36人，气象科研开发人才队伍11人，专兼职气象教育培训教师51人。

根据调查分析，省局专业技术人才队伍建设有以下特点。

1. 人才数量持续增长

近五年来，共引进接收大学本科及以上学历高校毕业生244人，编外转编内72人，专业技术人才数量稳步上升，专业技术人才数量稳步上升。

2. 人才结构趋于合理

平均年龄由41.2岁降低为40.5岁，人员年轻化趋势比较明显。35岁以下占比增长3.8%，45岁以下人员占到58.2%，中青年人员成为专业技术人才队伍的主体力量。

3. 人才素质明显提升

高学历人员所占比重呈逐年上升趋势，大学本科以上人员所占比重达到78.6%，中级以上职称人员占到总量的63.9%。

4. 人才作用更加凸显

近五年来，全国气象部门人才评估，青海省气象局无论是人才总体素质还是高层次人才队伍建设，总体呈上升趋势。人才总体素质提高了8.95分，高层次人才队伍建设提高了2.81分，人才在气象现代化中作用逐步提升。

二、专业技术人才队伍建设主要做法

(一)明确目标,专业技术人才队伍建设统筹推进

以党的十九大精神和习近平新时代中国特色社会主义思想为指导,进一步解放思想,在认真分析人才现状基础上,制定《青海气象部门2018—2020年人才发展规划》,以高层次人才为重点抓好各类气象人才队伍建设。通过实施首席专家计划、高层次后备人才计划、青年人才培养计划、预报员能力提升计划、业务一线人才培养计划等人才计划,培养造就一支素质高、能力强的科技人才队伍。强化业务科研骨干队伍建设,以急需紧缺人才、现代气象业务重点领域专业技术人才、高层次领军人才和创新型人才为重点,采取切实措施打造公共气象服务、气象预报预测、综合气象观测及技术保障、气象信息技术、气象科研开发、气象管理等人才队伍。积极争取多方支持青海气象人才队伍建设,通过与教育部门、高等院校合作,实行定向培养、定向分配等方式,为青海艰苦气象台站引进培养“本土化”气象科技专业人才。建立稳定的青海气象科技专业人才专项资金投入机制,完善毕业生激励机制和优惠政策,鼓励大气科学专业毕业生到青海气象部门工作。

(二)完善政策,专业技术人才队伍建设措施更加完善

实施高层次人才培养与引进计划,加强首席专家、领军人才、学科带头人等高层次人才队伍建设。实施科研业务骨干人才培养计划,继续实施业务科研骨干访问交流计划,选送优秀专业技术人才到国家级业务科研培训单位进行交流访问,选拔基层骨干人才到省级业务科研单位进行交流学习。积极吸纳科研业务骨干进入创新团队,通过科技创新团队引领作用,带动科研业务骨干人才队伍成长。实施青年英才培养计划,重点支持35岁以下具有发展潜力的优秀青年人才培养力度,支持他们承担或参与重大气象业务科研任务,拓展青年科技人才的职业发展空间。强化专业技术人才的教育培训,充分利用部门培训资源,开展大规模培训工作,全面提升气象人才队伍的整体素质,对各类业务岗位人才开展新理论、新知识、新技术培训。加大艰苦边远地区的人才引进力度,对于到艰苦台站工作的大气科学类毕业生给予优惠政策,并实施定向招聘政策,鼓励专业人才到艰苦台站就业。

(三)创新机制,专业技术人才队伍建设机制更加合理

深化事业单位岗位设置管理,组织引导事业单位按需设岗、竞聘上岗、按岗聘用、合同管理,逐步建立常态化的岗位交流机制。完善气象干部职工教育培训与人才培养、选拔、使用、职称评审和岗位聘用等相结合的制度。优化整合本省气象部门教育培训资源,加强省级干部培训学院建设,建设一支满足培训需要的师资队伍,建立与现代气象业务发展和培训要求相适应的培训课程体系和系列教材,建设完善满足培训需要的实习平台、模拟实验室和实训基地,加大全省气象部门基层台站远程学习点建设力度。建立健全专业技术人才分类评价制度,建立和完善以岗位职责要求为基础,探索各类人员的业绩考核评价办法,科学化、客观化评价各类人才。逐步建立稳定多元的投入渠道,将人才培养、引进、使用的经费纳入年度预算,保证资金稳定投入。在重大科研项目、重大工程、重大业务项目和行业专项经费中安排一定比例的资金用于人才开发和培养。

三、目前专业技术人才队伍建设存在的问题

(一)高层次人才严重不足

高层次人才总量明显偏少,国家级人才工程人选,中国气象局首席预报员、首席气象服务专家、科技

领军人才、中青年科技创新领军人才为零，与实现气象现代化的总体目标还存在明显差距。

（二）人才机制不健全激励作用不明显

专业技术人才流动渠道不畅，只能上不能下的现象普遍存在，缺乏应有的活力。人才考核评价机制尚未真正发挥作用，依然存在用人上论资排辈、封闭保守等现象。分配激励机制不够健全，不能合理体现人才价值，无法充分调动人才积极性，部门和单位内部肯学习、善钻研、比奉献的氛围还不够浓厚。

（三）专业技术人才短缺与闲置现象并存

由于现有的事业单位岗位考核评价、聘用竞争机制尚不够完善，鼓励和引导专业技术人员在基层安心工作的制度尚未建立，导致人才紧缺与人员闲置现象依然并存，一方面部分条件相对较好的台站人员满编甚至超编，另一方面艰苦台站人员紧缺、人才匮乏，职工经常要身兼多职甚至超负荷工作。

（四）人才引进难的现状尚未根本改善

由于青海特殊的气候环境条件和相对落后的经济社会发展现状，前来青海气象部门应聘且符合专业要求的高校毕业生十分有限，特别是博士研究生几乎无人应聘，近5年以来只引进了一名博士研究生。

（五）专业技术人才队伍建设投入不足

对人才支持保障不够，在人才培养上投入不够、措施不力，人才培养专项资金投入不足，每年投入的人才专项不足百万，高层次专业技术人才培养、选拔表彰的人才专项资金用度吃紧。

（六）地域限制致使专业技术人才流失严重

青海特殊的地理环境和经济现状，造成在改善人才环境、待遇和保障方面与发达地区存在明显差距，以至于吸引人才难，尤其是高层次人才引进非常困难。本部门自己培养出来的人才也很难留住，人才流失严重。2013年以来，先后有34人调离青海气象部门。

四、加强专业技术人才队伍建设的对策建议

（一）更新观念，进一步优化专业技术人才发展环境

以党的十九大精神和习近平新时代中国特色社会主义思想为指引，贯彻落实好《青海省气象部门2018—2020人才发展规划》，以高层次人才队伍建设为重点，统筹推进各类人才队伍建设，营造良好的政策环境，吸引和招募人才。挖掘各类人才在干事创业方面的成功经验，大力宣传优秀人才的先进事迹，努力形成尊重人才、珍惜人才、爱护人才的良好环境，营造尊重劳动、尊重知识、尊重人才、尊重创造的浓厚氛围。加强人才政策的前瞻性、针对性研究，尽快建立健全以人才培养、引进、使用、激励、保障等为主要内容的工作机制，切实实行有利于人才成长的政策措施，鼓励人才干事业，帮助人才干成事业，支持人才干好事业。

（二）完善措施，进一步加大专业技术人才引进力度

创新人才引进政策，从高校毕业生招聘到人才培养、使用、激励等各个环节，不断完善人才工作的质量管理与保障体系。保障高学历人才和急需专业人才引进奖励政策，为新进硕士、博士研究生和急需专业人才给予一次性大额度奖励补贴和安家补贴，大力支持他们发挥专业特长。根据青海气象改革发展和气象现代化建设的新形势，站在青海气象事业长远发展的战略高度，加强对急需紧缺人才的需求预

测，提高紧缺人才和高层次人才引进的针对性和有效性。坚持与气象专业院校和高等院校的协作，扩大紧缺专业毕业生的输送渠道。强化人才市场功能，发挥人才市场作用，通过人才交流会、网上人才交流、专场招聘会等多种形式引进所需人才。完善柔性引进机制，针对青海省气象部门高层次人才匮乏，可采取短期聘用、技术合作、兼职、咨询等柔性引才方式，实施开放型人才引进战略，吸引和鼓励其他省份气象专业技术人才带着成果、项目来。

（三）人尽其才，努力构建专业技术人才使用机制

建立人才使用、培养和管理工作监督考核制度，把对人才的培养工作列入领导班子重要议事日程和领导干部考核中。由有关部门直接掌握一批优秀的有培养前途的年轻人才，统一制定培养计划和措施，实施重点培养。适时调整年轻人才的工作内容、工作岗位或任务要求标准，减少简单劳动成分，加大创造性发挥的余地。加强对各类人才的事业心和社会责任感教育，教育年轻人把实现个人价值与单位、事业的发展结合起来，既有远大的志向和抱负，又能够安下心来，踏踏实实做好本职工作。充分发挥党组织以及工青妇等团体吸纳、凝聚年轻人的作用。

（四）群策群力，进一步健全专业技术人才培养机制

千方百计做好高层次人才培养，依托8个省级气象科技创新团队，选拔出优秀的业务科技带头人，发挥“传帮带”作用，同时建立业务科技带头人领军、中青年科技骨干和年轻人才参与的工作机制，打破单位之间的界限，吸纳省气象局各业务单位和市（州）、县气象局的业务技术骨干加入，增强全省高层次气象人才的核心竞争力。建立“梯队式”高层次人才培养模式，培养专业对口人才和有后劲发展潜力的人才，大力培养高层次人才的后备力量，建立省、市（州）、县三级“梯队式”高层次人才培养模式，促进人才队伍形成良性的阶梯形结构。进一步吸纳全国各地的优秀气象人才，对于引进的高层次人才给予奖励补助和科研启动经费等优惠政策。将正研级专家、博士和国家层面专家团队人员列为省局领导班子成员直接联系专家，让人才以更加积极的态度投入工作。

（五）用管结合，进一步强化专业技术人才考核评价

建立和完善以岗位职责要求为基础，以业绩为核心，由品德、知识、能力和贡献为要素的人才考核标准，提高人才考核评价的科学性。针对高、中、初级专业技术人员制定不同的考核标准，细化中国气象局正高级专业技术人员考核标准，强化对正高级专业技术人员考核，制定高级专业技术岗位考核实施细则，加强对副高级专业技术人员考核，指导督促处级用人单位出台中初级专业技术人员考核办法，加强对中初级专业技术人才考核。科学设置考核内容，建立各有侧重的考核指标体系，充分发挥考核的“指挥棒”“风向标”作用。按照岗位的不同特点和要求，全面考核专业技术岗位人员的政治思想、学习能力、创新能力、工作实绩等方面的情况。把考核评价结果与培训、岗位晋升和岗位管理有机结合起来，充分激发专业技术人才的积极性。深化事业单位岗位设置管理，以事业单位岗位设置为基础，优化配置人才资源，科学合理配置各类专业技术人才。充分发挥岗位设置导向作用，将考核结果作为晋升的必备条件，完善事业单位岗位设置，按照科学合理、精简高效原则，科学设置各级各类岗位，细化岗位类别，明确岗位职责、工作任务、工作标准和任职条件，强化上岗标准。

新疆气象局开展气象助力新疆旅游大发展调研报告

张守保　郭万里　谢芳

（新疆维吾尔自治区气象局）

为深入全面了解新疆旅游发展中存在的气象需求，以需求引领服务，找准“旅游＋气象”深入合作发展方向，新疆局通过召开与自治区政府气象助力旅游座谈会、与旅游与发展委员会处级以上领导干部座谈会、新疆精品旅游线路实地调研及全疆气象助力旅游发展实地调研等多种形式，对气象助力旅游发展工作进行了认真详细的调查与分析，并在此基础上形成此报告。

一、旅游行业气象服务需求现状调研情况

（一）新疆主要气象灾害对旅游业的影响排序

新疆地域广阔，境内地质形态各异，涵盖了戈壁、沙漠、草原、盆地等多种地形，既是气象灾害的多发、重发区，又是气候变化的敏感区和脆弱区。以乌鲁木齐为区域中心，选取全疆有代表性的8个地州发放调查问卷，调查了解南、北疆主要旅游季出现的影响较大的气象灾害种类，据调查问卷结果显示，影响新疆旅游体验的气象灾害依次是：大风、暴雨、暴雪、高温及强寒潮。每种气象灾害对旅游业的影响又根据其出现的时间、地点和强度不同而不同。

（二）气象对新疆旅游品牌打造的影响

通过对阿勒泰、伊犁、博州、吐鲁番、喀什、塔城等地实地调研，综合评估了新疆气候、水文、土壤、生物等自然禀赋状况，新疆南、北、东疆气候差异较大，各具特色，东疆吐鲁番热量资源丰富，伊犁气候湿润，号称“塞外江南”，阿勒泰冬季漫长，积雪条件丰富，博洲温泉冬暖夏凉，塔城空气质量优等。进一步拉动旅游热度、树立旅游热点与推出各具特色的旅游项目均与气象要素及气候条件关系密切，因地制宜开展气候标志系列品牌认证工作，对树立新疆旅游整体形象有积极促进作用。

（三）气象对新疆推出“精品旅游线路”的影响

新疆独库公路旅游线路连接南北疆，横亘崇山峻岭，穿越深山峡谷，要翻越海拔3700米冰达板，有五分之一地段处于高山永冻层，特殊的地理条件和天气现象造就了“五里不同景，十里不同天”的绝美风景。9月，与旅发委、交通厅、发改委等部门联合开展新疆独库公路精品旅游线路保障工作调研，确定了独库公路精品线路气象监测预报预警服务工作方案，将进一步加大独库公路沿线气象预报预警站网建设力度，提高监测预报预警气象服务水平，为旅游出行提供气象保障。

二、新疆气象助力旅游发展基本措施及成效

（一）构建合作机制，形成部门合力

分别于2018年6月、8月召开气象助力新疆旅游发展座谈会，就做好生态旅游资源开发、保障和推

介等工作进行深入探讨。建立了气象助力旅游发展联席会议制度，推动构建气象助力新疆生态旅游融合发展格局。9 月，与旅发委、交通厅、发改委等部门联合开展新疆精品旅游线路保障调研，制定精品线路气象监测预报预警服务工作方案。

（二）气象灾害防御法制化，为旅游安全保驾护航

年初推动出台《新疆维吾尔自治区大风暴雨暴雪灾害防御办法》等政府规章，对应对气象灾害防御措施立法，为保障旅游安全、规避气象灾害风险提供有力支撑。7 月，印发《新疆气象局关于加强全疆旅游气象服务工作的通知》(气发〔2018〕255 号)，制定气象助力新疆旅游发展工作方案和措施，切实为新疆旅游大发展提供优质气象保障服务工作。10 月，与旅发委联合印发《关于进一步做好灾害性天气旅游安全风险防控工作的通知》(气发〔2018〕269 号)，与旅游部门建立旅游景区气象灾害防御联动机制，切实发挥气象工作作为防灾减灾救灾"第一道防线"的重要作用，有效预防和减轻灾害性天气对旅游安全的影响。印发《重大气象灾害预警信息全网发布实施方案》，实现重大气象灾害预警信息全网发布，推动完善以气象灾害预警为先导的部门联动和社会响应机制。

（三）深挖气候旅游资源，助推全域旅游品牌

围绕新疆独特的旅游资源优势，开展了创建"中国雪都·阿勒泰""天然氧吧·特克斯""中亚湿岛·伊犁""彩虹之都·昭苏""中国火都·吐鲁番"等各具地方特色的生态气候认证工作。阿勒泰市被授予"中国雪都"国家气候标志。伊犁特克斯荣获"中国天然氧吧"称号。博州温泉县获"中国避暑胜地"气候标志认证。新疆库尔勒市、阿克苏拜城县、石河子市被国家发改委和住建部列为气候适应型城市建设试点。

（四）实施绿洲人影项目，助力新疆生态修复

推动新疆绿洲可持续发展人工增水及防雹保障工程实施，保障新疆生态旅游资源持续健康有序发展，构建先进集约的新疆飞机作业平台和保障系统，提高新疆人影业务综合保障能力，完善地面作业系统、指挥系统和辅助系统建设，实现单一应急抗旱向应急与常规相结合的空中水资源综合开发作业方式的转变。建成乌鲁木齐、克拉玛依、和田、库尔勒等人影飞机作业基地，增雨雪飞机新增到 5 架，作业面积扩大一倍，空中云水资源开发影响面积达 34 万平方千米，年增水 12 亿～15 亿吨，山区水资源储备状况得到进一步改善，生态环境修复气象服务保障能力明显提升。

（五）聚焦旅游保障需求，推进监测预报服务体系建设

目前，全疆重点景区气象观测站点实现全覆盖，建设了荒漠、草原、森林、大气成分、大气本底等监测站，开展了彩虹、负氧离子、酸雨等观测及"花期""赏星""冰雪"等气象景观观测。完善高分辨率区域模式，提升景区精细化天气预报预警能力，实现景区预报预警全覆盖。开展了喀纳斯、赛里木湖、天池等 21 个旅游景区预报服务保障工作。围绕旅游规划方案增设生态旅游气象观测点，新增负氧离子、花粉、紫外线等观测项目。昭苏县气象局在全国气象部门中首个创新开展了虹霓观测，目前已经形成相对成熟的观测项目、观测规定、观测记录并建立了数据库。2018 年 7 月开展了彩虹气象景观预报服务，并与中央电视台、中国天气网开展彩虹直播活动，直播内容在今日头条、腾讯、网易、一直播、新浪等平台同步播出，在线观看超过 300 万人次。2018 年新疆旅游呈井喷式发展，全疆游客人次及旅游总消费同比双增均超 40%。

三、旅游气象服务工作现状与需求的差距

一是新疆旅游气象服务尚未形成业务服务体系，生态旅游气象保障服务能力弱、监测能力低。服务

保障水平与旅游资源大省、旅游发展潜力大省地位不匹配。面向生态旅游的气象监测、预报预测、专项服务等能力普遍偏弱，无法满足当前旅游业发展提出的需求。新疆旅游景区天气预报数量少，开展的旅游气象服务项目少，仅限于提供日常的天气预报，在转折性天气来临前将天气预报提供给相关部门或者景区管理部门方面，而专项的旅游系列化预报服务产品少，专业化程度不深，难以满足旅游产业正常运行需求。新疆旅游天气预报信息发布渠道少。目前，只有网站和微信公众号发布了旅游景区预报。多次向新疆电视台申请开办《新疆旅游天气预报栏目》，因为播出时间、费用等问题，未能开办栏目。

二是新疆的生态旅游气象保障服务科技支撑能力不足。投入研究经费支持不多，支撑旅游气象服务业务的科研成果少。缺乏生态旅游气候资源区划，特殊旅游目的地的专项服务指标体系尚未建立，支持旅游产业的长、中、短相结合的系列化预测预报产品不足，专项服务产品少之又少，多以社会公共服务产品来代替旅游目的地的专项服务。可查询到的有关新疆旅游气象服务领域的科研成果不多。未来新疆在生态修复、保护结合旅游开发的绿色发展道路会加快步伐，对气象保障服务的需求也会急剧增加，因此，发展生态旅游气象保障服务能力，深入开展旅游专项气象服务的科技支撑任务繁重，迫在眉睫。

四、气象助力新疆旅游发展的对策与建议

一是继续加大新疆特点的气候标志认证工作力度。利用气象科技优势，挖掘气候资源。根据各地不同的旅游气候资源特点，继续推进创建“中亚湿岛・伊犁”“彩虹之都・昭苏”“中国火都・吐鲁番”“康养天堂・塔城”等具有新疆特点的国家气候标志品牌认证工作。针对新疆特色农产品开展气候品质认证，为新疆全域旅游增加气象元素。

二是进一步提升生态旅游气象服务能力建设。不断拓宽旅游气象观测内容，推出吐鲁番“海市蜃楼”观测；继续加强交通线路和景区景点气象监测网建设，推进旅游信息数据共享；健全旅游气象服务体系，加强景区气象要素观测和实景观测，开展更为精细的天气预报和更有针对性的天气预警服务；拓展全媒体旅游气象信息发布渠道，开发新疆独特的旅游景观气象预报，发展新疆智慧旅游气象服务。推动生态修复型人影工程向纵深发展，助力新疆生态修复。

三是开展系列化气象服务，发挥气象趋利避害双重作用。优化新疆旅游气象服务方式，强化面向公众的旅游气象服务，提升为公众提供旅游天气、出游公路信息、路线推荐等出行服务产品的能力；强化各类气象信息的发布能力，向公众提供重点旅游景区气象预报、灾害性天气预警、旅游天气提示以及衣物穿戴等个性化服务，重点开发智慧旅游气象，将旅游气象服务快速、便捷地传递给旅客、服务人员和管理人员。

四是充分利用中国气象局主流媒体传播优势，全媒体推介新疆旅游热点。利用新闻联播天气预报等央视天气节目，以及气象部门“中国天气”旗下网站、电视频道、手机 APP 等全媒体宣传资源，实现新疆生态旅游产品的广泛覆盖、精确推送、精准到达，培育推介新疆旅游热点。

关于增强气象科技创新发展动力的调研报告

胡雯　张苏　石磊　黄勇　谢五三　温华洋

（安徽省气象局）

面对新形势、新任务、新要求，如何进一步激发安徽省气象科技创新活力、增强气象科技发展动力，安徽省气象局成立专题调研组，认真梳理党中央、国务院以及省委、省政府和中国气象局出台的科技创新政策，与先试先行取得良好成效的省、市气象部门以及相关科研院所开展交流研讨，系统分析了本省气象科技创新工作存在的短板和突出问题，提出了优化安徽省气象科技创新环境、释放科技体制改革政策红利、激发气象科技主体创新活力、增强气象科技创新发展动力等举措建议。

一、近年来国家、地方科技创新政策及部门落实情况

（一）中央关于科技创新的总体部署

2016 年，全国科技创新大会提出了建设创新型国家和世界科技强国的战略目标和重点任务，习近平总书记指出：科技创新、制度创新要协同发挥作用，两个轮子一起转。2018 年，习近平总书记在出席两院院士大会上强调：要全面深化科技体制改革，提升创新体系效能，着力激发创新活力。要着力改革和创新科研经费使用和管理方式，改革科技评价制度，把人的创造性活动从不合理的经费管理、人才评价等体制中解放出来。要完善科技奖励制度，让优秀科技创新人才得到合理回报，释放各类人才创新活力。

2016 年以来，《国务院关于印发实施〈中华人民共和国促进科技成果转化法〉若干规定的通知》（国发〔2016〕16 号）、《中共中央办公厅、国务院办公厅印发〈关于进一步完善中央财政科研项目资金管理等政策的若干意见〉》（中办发〔2016〕50 号）、《中共中央办公厅 国务院办公厅印发〈关于实行以增加知识价值为导向分配政策的若干意见〉》（厅字〔2016〕35 号）、《国务院办公厅关于印发促进科技成果转移转化行动方案的通知》（国办发〔2016〕28 号）、《国务院办公厅印发关于深化科技奖励制度改革方案的通知》（国办函〔2017〕55 号）、《国务院关于优化科研管理提升科研绩效若干措施的通知》（国发〔2018〕25 号）等一系列有关鼓励、支持科技创新的政策性文件先后印发。

国家出台系列文件是为了解决科技创新创造动力不足，人才发展问题、人才机制体制不灵活，收入分配问题等体制机制问题，以调动科研人员积极性和创造性为出发点和落脚点，力求适应科研活动规律、加大对科研工作的绩效激励力度，构建充满活力的科技管理和运行机制，营造良好的科研环境。

（二）中国气象局贯彻举措及兄弟省先行先试做法

2016 年 9 月，全国气象科技创新大会召开，进一步明确把科技创新放到全面推进气象现代化更加重要的位置，坚持科技引领和创新驱动，全面推进新时期气象现代化，强调要深化气象科技体制改革，着力形成充满活力的气象科技管理和运行机制。2017 年 5 月，《中共中国气象局党组印发〈关于增强气象人才科技创新活力的若干意见〉的通知》（中气党发〔2017〕25 号），提出“深化气象人才发展体制机制改革、发挥科研项目资金的激励引导作用、促进气象科技成果转化应用、完善事业单位收入分配激励机制、完善气象科技创新开放合作机制、健全人才发展和科技创新保障机制”六个方面 27 项任务，从落实科研项目间接费管理政策、明确科研项目劳务费开支范围、简化科研项目预算管理等方面给予各单位和科研

人员更多的自主权。

有关省气象部门陆续出台了相关配套措施，归纳为以下几方面。

1. 坚持面向业务服务需求，凝练关键技术持续发力，久久为功

加强预报预测重大科技问题的基础研究与应用研究。整合研发力量，开展多尺度数值预报模式前沿技术研发，加强智能网格预报关键技术攻关和"一张网"格点产品应用，发展重大灾害性天气及影响预报技术。上海市气象局牵头建立区域数值预报集中研发机制并制定了协同发展工作方案，组建了长江经济带数值预报联盟。福建省气象局制定了精细化气象格点预报业务技术方案。广东省气象局加强气象灾害预警业务技术管理，先后制定了气象灾害预警信号发布细则、技术规定等。

2. 坚持高层次人才引领，强化科技创新团队建设，固本强基

不断加强科技创新团队建设。省级创新团队的数量增加，聘请国内知名专家加盟团队带头人。优化创新团队的管理方式，充分发挥创新团队的主体作用，由依托单位制定和细化目标管理制度，并加大考核力度，每年对团队任务完成情况进行评估，对于带头人、团队成员年度优秀者给予绩效奖励，年度或聘期考核评估不合格者取消资格和待遇。优先安排创新团队承担相关的重大、重点业务科研项目，优先支持团队成员开展国内外学术交流和培训。

3. 不断优化科技管理方式，充分调动人的积极性，激发创新活力

创新优化科研项目及经费管理方式。从重数量、重过程向重质量、重结果转变，注重绩效导向和发挥科研经费的激励引导作用，在科研项目资金的使用和管理、间接费用的核定比例、绩效考核，劳务费分配管理，结余资金使用，内部信息公开公示等方面进行了规定，同时简化科研项目预算管理，强化科研项目资金管理法人责任。制订了间接费用管理办法，针对不同渠道科研项目间接费的核定比例、绩效支出比例及发放进行了规定。

科技成果奖励激励政策进一步扩展。修订科技奖励激励的范围、评审条件、评审流程、奖励金额等。从单纯的科研开发奖向论文、专利、标准、成果转化、气象服务材料和重大软科学研究成果扩展，部分省份还对国家省级科研成果给予相应的奖励匹配，对申报获批的自然科学基金项目等进行奖励。

省所改革方面的好经验。实行科研工作积分管理，区分科研和业务岗位，对岗位工作进行量化评分，并以此作为评聘考核和奖励的依据。按照团队方式来开展工作，团队内部的管理（包括绩效奖励分配）由团队负责人来负责，人员工资由基础绩效和奖励绩效组成，通过奖励绩效来体现出技术人员的贡献，从而实现了良性的竞争局面。

4. 开展科技成果中试，探索成果转化应用机制，积极发挥成果效益

编制专项行动方案，制定促进科技成果转化管理办法（试行）等政策文件，打造科研业务合作的桥梁，形成业务引导科研、科研成果转化业务以及业务促进科研的新型科研与业务结合工作机制。建立科技成果转化报告制度、绩效考评制度，强化科技成果转化统一指导和管理。

（三）安徽省委省政府科技创新方面的有关政策

安徽省先后出台《中共安徽省委办公厅 安徽省人民政府办公厅关于改革完善省级财政科研项目资金管理等政策的实施意见》（皖办发〔2016〕73号），《安徽省人民政府关于印发支持科技创新若干政策的通知》（皖政〔2017〕52号）。

全国科技创新大会召开以后，安徽省研究出台了《安徽省落实全国科技创新大会精神近期若干重点任务分工方案》（皖政办秘〔2017〕180号），从夯实科技基础、加强科技供给、深化改革创新、弘扬创新精神、明确职责定位等5个方面提出15条贯彻落实举措。围绕国家大科学中心建设发展，安徽省委、省政府出台了一系列政策，发布了《安徽省人民政府关于进一步加强基础科学研究的实施意见》（皖政〔2018〕63号），进一步加强安徽省基础科学研究，大幅提升原始创新能力，加快推进创新型省份建设。《安徽省人民政府办公厅关于印发合肥综合性国家科学中心项目支持管理办法（试行）》的通知（皖政办〔2018〕15号），加强对合肥综合性国家科学中心项目的支持，规范项目建设管理。《中共合肥市委 合肥市人民政府关于建设合肥综合性国家科学中心打造创新之都人才工作的意见》(合发〔2017〕17号),加快建设合肥综合性国家科学中心,聚力打造具有国际影响力的创新之都。

二、安徽气象科技创新举措及发展动力不强原因分析

(一)科技创新举措及主要成效

安徽省气象部门历来十分重视气象科技创新能力建设。早在1998年,安徽省气象局就成立了“安徽省大气科学与卫星遥感重点实验室”,并获安徽省科技厅批准成为省级重点实验室。积极与高等院校、科研院所开展合作,与中国气象科学研究院联合共建“灾害天气国家重点实验室淮河流域中尺度观测与应用试验基地”;与中科院合肥分院共同推进大气环境立体探测试验大科学装置建设;经安徽省发改委批准,与安徽大学电子信息工程学院联合共建“安徽省农业生态大数据工程实验室”;与四创电子有限公司共建“气象雷达应用研究联合实验室”。气象科技创新成果日趋丰富,据不完全统计,1978年以来,全省气象部门共取得科技成果1300余项,有120余项成果获省部级科技奖励,“安徽省新一代气象综合业务系统开发研究与建设”获安徽省科学技术一等奖,“淮河流域暴雨洪水监测预警系统研究”和“农村信息服务关键技术研究与应用”等15项成果获安徽省科学技术二等奖。“国元农业保险科技合作机制”“气象技术装备动态管理信息系统研发及应用”“打造全方位气象开放合作联盟不断优化科技创新资源配置”3项气象科技工作获得2011、2013、2016年度中国气象局创新工作项目。近年来,国家先后出台一系列鼓励支持科技创新的政策措施,中国气象局及兄弟省气象部门也出台新政充分释放政策红利,安徽省气象部门亦需要进一步贯彻落实科技新政并推进相关配套政策制定,增强创新动力。

(二)存在的突出问题及发展动力不强的原因分析

习近平总书记在中国科学院第十七次院士大会、中国工程院第十二次院士大会讲话中强调“人是科技创新的关键因素”。气象科技创新体系的改革目标应该是人人想创新、人人能创新、人人可以创新,下面着重从科技创新的激励政策、创新工作条件等方面分析安徽省存在的突出短板。

1. 面向业务服务需求,对重大关键技术谋划与统筹不够

科技创新工作的目的是解决业务服务中存在的科学技术问题,安徽省气象科技创新自由申报的面上项目小而散,围绕能够有效地解决业务重点难题、促进业务技术重大发展课题,省局需要加大自上而下的规划与组织实施。

2. 高层次人才的引领作用发挥不够、创新团队攻关力不强

科技创新的激励力度小、管理限制多。习总书记指出“要着力改革和创新科研经费使用和管理方式,让经费为人的创造性活动服务,而不能让人的创造性活动为经费服务”。目前,安徽省项目和经费管理办法中没有直接用于激励课题组成员的间接经费安排,科研项目劳务费开支范围不明确,项目负责人自主权小。

科技创新的主体是人,因此科技创新需要相应的资金和人员保障,如何把科研成果转化为我们事业发展所需的资金,需要推进产学研结合等成果转化方式和收益分配,同时保持科技创新团队人员的稳定、不断提高人员素质。

3. 科技创新基础条件不够完善、创新效率不高、高水平成果少

气象科技创新需要基础的软、硬件条件,如可方便获取的多元气象数据集、便捷高效的计算资源,目前省级在信息数据及时共享方面手续烦琐、时间长。

部门科技成果对行业影响力和显著度不高,科研成果业务转化能力不高,表现为成果登记不少,但对业务水平实际提高有促进的成果不多,反映出科技项目考核与评价机制还不够健全。科技成果转化具体细则不具体,科技成果转化的中试平台还没有建立。

三、关于增强安徽气象科技创新发展动力的举措建议

(一)大力推动科技管理工作“放管服”,增强创新主体自主活力

进一步向创新主体放权,为科技人员松绑助力,调动和激发创新活力。修订《安徽省气象局科研项目管理办法》,强化科技关键任务部署,提供持续稳定的经费支持,推动科技资源在各类创新主体的优化和高效配置。加强科技创新政策引导和舆论宣传,营造尊崇创新、鼓励探索、宽容失败、多元包容的创新环境。深入推进以项目负责人制为核心的科研组织管理模式,让领衔科技专家享有更大的技术路线决策权、经费支配权、资源调动权。

完善科研项目资金管理。细化科研项目资金管理改进措施,制定间接费的使用和分配办法,简化科研项目预算编制科目,减轻科研人员负担,调动科研人员的积极性,形成充满活力的科技管理机制和分配机制。

(二)积极探索开展气象科技成果中试转化工作,增强创新效益发挥潜力

加强科技成果中试转化制度建设。建立科技成果转化管理办法、中试基地运行办法等系列政策,规范科技成果中试转化工作。

建立科技成果中试转化管理体系。分类整理汇总已有科技成果,建立健全科技成果登记制度,实施成果转化年度报告制度,统一科技成果转化对外出口。

搭建促进科技成果转化创新载体。依托大气科学与卫星遥感重点实验室、农业生态大数据工程实验室、气象光学联合实验中心、寿县国家气候观象台等平台,建立科技成果中试转化平台和中试基地。

建设科技成果中试转化人才队伍。整合全省气象部门研发力量,探索科技成果转化事企合作模式和方法,分类分层次组建任务承接创新集体,培养若干懂专业、善管理、熟市场的复合型人才。

(三)充分发挥科技奖励的激励和引导作用,增强科研创新人员内生动力

调动广大气象业务和科技人员的积极性和创造性,要充分发挥科技奖励的激励和引导作用。通过一个奖励范围全面、奖励力度与消费水平较为一致、奖励评审流程简单定量化的奖励制度,促使各岗位的人员能够获得更好、更全面的评价,从而在自己岗位上有获得感、满足感,让业务科研人员立足自己岗位发挥主观能动性、积极性和创造性。

增加高水平气象科技创新成果的配套奖励政策,增加奖励范围,包括成果转化、标准、规划、专利、决策服务材料、软科学成果等。

(四)抓紧合肥气象科技协同创新平台建设,提升丰富创新载体支撑力

抓住建设合肥综合性国家科学中心的机遇,依托大气环境立体探测实验研究设施,联合中国气象科学研究院、中科院合肥物质研究院、中国科学技术大学以及安徽四创电子股份有限公司,建设大气环境应用技术联合研究中心,提高光学与微波遥感探测与应用方面的科技创新能力和成果转化应用能力。

加快实施省级研究所改革,深化开放合作,构建安徽省生态气象和卫星遥感中心、安徽省大气科学与卫星遥感重点实验室、淮河流域典型农田生态气象野外科学试验基地,使之成为安徽省气象业务技术创新平台。强化科研与业务结合机制,扩大研发队伍,提高科技成果产出量和转化率,增强特色领域的科技创新能力,提高对核心业务的科技支撑能力。

气象部门贯彻落实中央八项规定精神情况专项督查总报告

陈振林　黄燕　张柱　郭淑颖　王川　汪青　焦阳

（中国气象局办公室）

为切实抓好中央八项规定精神在气象部门的贯彻落实，根据中国气象局党组党建和党风廉政建设工作领导小组2018年第一次会议部署要求，4月1—15日，在全国开展了气象部门贯彻落实中央八项规定精神情况专项督查，现将督查情况报告如下。

一、组织情况

局办公室牵头谋划，3次召开碰头会研究组织事宜，协调相关内设机构，共同制订专项督查方案，明确督查内容，梳理相关政策，拟定督查程序，组织督查团队，召开专项安排会，部署实地督查。按照印发的《中国气象局办公室关于开展气象部门贯彻落实中央八项规定精神情况专项督查的通知》（气办函〔2018〕62号）等9个文件要求，共抽调14个省局以及人事司、机关党委、机关服务中心、气象中心、干部学院、核算中心等6个内设机构和直属单位共32位同志组成8个督查组，分赴全国31个省（区、市）气象局和14个直属单位共45个单位开展实地督查。

各督查组高度重视，按照统一要求和标准，分别制订分组督查方案和资料清单、明确任务分工、合理安排行程，对所督查的单位提出材料、票据等准备的具体要求。具体督查中，坚持原则、严格标准、严守纪律、不召开汇报会，直奔主题，采取查阅文件材料、抽查财务票据、个别谈话、现场核查等方式灵活督查，共查出200余项立行立改问题，已当即要求整改，并将督查出后续整改的100余项问题反馈各单位，要求明确整改方式和时间节点，及时反馈结果，确保实地督查高效开展、有效整改。

整个督查过程时间紧、任务重，共抽查财务报销凭证近700册，实地督查测量司局级干部办公用房300余间、处级及以下干部办公用房300余间，抽取工作人员交流谈话400余人次。期间还根据驻农业部纪检组及局党组要求，组织对包括各省（区、市）气象局，各直属单位，各内设机构共58个单位在内的县处级副职以上的现职干部（含非领导职务干部）在不同单位同时任职且独立占用和使用两套办公用房的情况进行摸底调查并研究提出处理意见，对发现的1人多处办公用房已整改腾退。

二、总体分析

通过自查自纠和实地督查，总体来看，被督查的各单位均能认真贯彻落实中央八项规定精神，主要领导严格自律、制度较为健全、执行情况良好，也初步形成了一些好的经验做法。但认真分析总结，形势不容乐观，任务依然艰巨，在贯彻落实中央八项规定精神方面还存在以下几个共性风险点。

一是部分干部思想认识还没有真正到位，红线底线意识不强，没有对标“四个意识”，站在讲政治、守规矩的高度对待处理具体工作，有的甚至抱有侥幸心理，落实中央八项规定精神缺乏韧劲，仍在等待观望，对类似办公室超标0.5米^{2}的情况还多次打电话讨价还价，找客观理由推脱整改。

二是口号叫得响，实际落实差，工作部署和推动还需进一步深入具体。尽管各单位党组（党委）都十分重视并能积极推动中央八项规定精神的落实，但在推进中存在口头部署多、会议多、实际深入查找问题少的现象,仍存在“上紧下松”的情况。问询具体工作人员,对相关问题表态积极,但深究却对政策制度的研究学习不够深入,执行中仍存在疏忽大意、简单敷衍现象。有的单位不按公务用车审批方案管理车辆,出现公车管理在机关但实际行车证还在下属单位的情况。逐级压实责任不够,有的省局下级单位,党组、班子没有研究落实中央八项规定精神的会议记录。

三是制度具体细化差,存在打折扣、搞变通的现象。虽然各单位都按照中国气象局要求制订了贯彻落实中央八项规定实施细则精神的实施办法,但明显上下一般粗,照搬照抄,没有依据当地或本单位实际情况进行细化和规范。即使落实中央八项规定精神的宏观制度相对完善,但针对具体问题的制度和要求还不够细致,执行时仍有不到位现象。

四是大错误不犯,小问题不断,基层隐患多。各单位上报的自查报告对存在的问题反映不充分,基本都是没有发现问题,提到存在问题的也都是定性的简要描述,没有具体问题的分析及整改情况说明。但此次督查中基本上每个单位都或多或少发现了问题,虽然违纪的大问题不多,但各种各类小问题凸显,加之此次检查绝大部分还没有全面深入到县级,继续贯彻执行中央八项规定精神的任务仍然艰巨复杂。

五是双重管理体制下监督体制机制仍需不断探索和完善。由于气象部门面广量大、点多线长、人员成分多源的特点,又实行垂直管理,但党的关系在地方,实际监管中存在一定盲区,问责存在难度,实际履职不到位,一些问题未能及时发现解决。中央八项规定实施以来,对查处的党员干部违反工作作风的典型问题进行了公开曝光,引起了反响,但有些干部还是没有将自己摆进去,还不断有新问题出现。

三、突出问题

一是制度建设方面,存在落实中央八项规定精神的相关制度建设不完善或有制度但执行不够有力、制度规定不具体、重点不突出、结合实际操作性不强、流程不够优化的问题。各单位制订落实中央八项规定精神的实施办法,内容多数针对单位局领导,未涵盖本单位处级领导干部。所辖市气象局、省级直属单位一半以上未制订本单位实施办法。部分单位财务管理办法修订不及时,财务制度执行不严格、管理不够规范。还存在出差审批手续不全,缺少事由通知,接待费、培训费、会议费报销不规范,部分单位存在超标接待、报销凭证附件不完整、公务接待和工作用餐未完全分开、公务接待缺少公函、接待通知中信息不明确等问题。

二是办公用房方面,不同情况存在办公用房面积超标,有的单位对办公用房整改认识不到位,过多强调本单位办公用房的实际情况,仍存在问题隐患,具体表现在对处级干部和一般工作人员的办公面积没有从严掌握。

三是公车管理方面,大多数被督查单位未严格执行公车管理制度,有的单位没有建立“一车一台账”登记管理制度,派车审批手续不到位、不完整,有的单位派车台账保存不完整、机关违规使用下属单位车辆,公车改革后机关车辆产权不清。事业单位车辆使用审批不够严密、登记不够完备,还存在违规配备使用公车、派车超出规定范围、报销汽车维修费未附维修清单、用现金支付汽油费、改变公车批复用途使用公车的现象。

四是公务接待管理方面,培训、会议费报支中各单位均不同程度地存在财务报账手续不全,支出时未严格按照国家政策、财务制度提供完整的报支依据的情况,个别单位还存在混淆会议费和公务接待费的情况。

五是公务出差管理方面,有的单位差旅费报销时所附单据不全,部分单位存在未缴纳交通费但领取交通补贴,以及培训或会议期间领取伙食补助现象,另外还有单位出现差旅费、住宿费或者发放讲课费超标准等问题。此外,还存在出差审批地点和实际出行地点不一致、差旅费报销夹报出租车费等问题。

六是因公出国与外宾接待方面,存在管理不规范。有的单位将外宾接待和因公出国两个科目混合使用,界定不明。个别单位在因公出国科目中列支外宾来华差旅费及住宿、接待费用,另外还有单位存在隐匿因公出国费用问题。

七是津补贴发放方面，存在依据地方政策但无地方文件的情况，津补贴、福利发放还存在工资条科目未能按照绩效工资的要求进行规范和统一、无规定无标准发放值班费、一次性奖金、劳务费、评审费、专家费、专项补贴等情况，名目较多。

八是调查研究方面，大多数单位调查研究的作用发挥不够，少数单位调查研究缺少前瞻性和计划性，政策性调研不多，多数是以解决实际问题为主，对气象事业发展主动思考和调研不足，缺少调研成果共享和跟踪督办反馈机制。

四、下一步举措

(一)进一步加强宣传教育力度，在提高思想认识上下功夫

一要切实加强政策学习和思想教育。由机关党委牵头，组织对中央八项规定精神及气象部门执行中央八项规定精神系列制度，以及2018年全国气象部门全面从严治党工作会议精神的深入学习，制订学习方案，明确学习内容、范围、成效、要求等，学习教育要紧密联系各单位工作实际、联系干部职工思想实际，触及灵魂深处，并作好对各单位学习情况的检查了解。二要夯实学习教育成效。学习教育要触及问题实质，避免浮在面上、蜻蜓点水，特别是要加大对气象部门近年来发生的违反中央八项规定精神案件的通报警示力度，明确各单位执行中央八项规定精神的主体责任，促进各单位层层传导压力，消除侥幸心理，夯实责任，确保工作落地生效。三要切实融入作风建设。将落实中央八项规定精神与加强作风建设结合起来，组织学习习近平总书记关于形式主义、官僚主义十种情况的重要指示，解决认识提高和作风建设不到位的源头问题，通过抓思想建设、作风建设、纪律建设，促进各单位更加自觉、更加严格、更加有效地执行中央八项规定精神。

(二)进一步完善细化各项制度，在提升制度可操作性和执行力上下功夫

通过本次督查，发现部分单位对中央和上级下发的新的政策理解不透彻，对执行中央八项规定精神有关制度的相关标准和执行范围理解有偏差。比如事业单位专业技术人员尤其是高级技术人员的办公用房面积的标准。部门短期缺编，导致办公用房超标，是否可以明确过渡期限。对发放未休年休假补贴，各省气象局把握不一致，需要从规范津补贴的角度明确该项是否能够执行。各单位建议津补贴和福利发放要有相应的指导标准，避免互相攀比等。下一步，一要加强解读和执行标准的统一规范。充分发挥中国气象局归口管理内设机构的职能作用，加强对中央八项规定精神相关政策的研究，分别由办公室、机关党委、人事司、国际司牵头，组织对廉洁自律、厉行勤俭节约、公务接待、公车管理、因公出国(境)、津补贴发放等政策的专题调研，分类形成指导全国气象部门的具体办法，明确和细化具体执行标准，划定执行的界限范围。二要加强对基层执行的指导。各相关职能部门对涉及津补贴发放、财务单据报销、出差伙食补助等此类职工关注度高，又极易出现风险隐患的事项要予以关切，要特别加强对基层气象部门执行中央八项规定精神的指导。同时，组织对全国气象部门执行中央八项规定精神的交流和培训，交流各地执行中央八项精神的做法和政策要求，进一步明晰执行中有关问题的解决办法，互相学习和借鉴经验，促进各单位准确掌握和落实中央八项规定精神。

(三)进一步完善监督机制，在加强日常管理监督上下功夫

执行中央八项规定精神成效如何，很重要地体现在对发现问题的整改落实上。一要盯住后期整改不放松。办公室负责对此次专题检查发现的问题进行全面、深入的分类梳理，向中国气象局党组汇报，向归口管理内设机构通报，向有关省局和直属单位反馈，由归口管理内设机构对整改单位提出整改要求、整改时限，以及后续的巩固强化举措。办公室对照要求对各单位整改情况进行跟踪督查，定期进行

通报。二要扩大战果全覆盖。发挥垂管优势，由各级党组(委)分级负责，层层组织专项督查，要达到深入县级气象部门的全覆盖。针对督查问题较多的单位，不定期组织开展"回头看"，确保整改到位。实行点名通报制度，对不整改或整改不到位的，在一定范围直接点名通报，形成持续震慑。三要切实发挥纪检监督职能作用。由机关纪委牵头，充分运用好监督执纪"四种形态"，将发现问题的处理与监督执纪问责结合起来，抓早抓细，防患于未然。对于整改不到位、拒不整改、推托敷衍的单位和个人，按照要求进行问责。尽快落实地市局纪检组长配置，加强对中央八项规定实施细则精神及实施办法的学习和检查，发挥好监督作用。

地市级气象部门党的思想建设调研与对策

陆大春　张树誉　李克锋　陶建　张璞　刘劲松　刘银叶　赵丽

（中国气象局党校 第15期气象部门中青年干部培训班专题研究小组）

气象事业是科技型、基础性社会公益事业，是中国特色社会主义事业的重要组成部分。做好气象工作和气象服务，不断满足人民日益增长的美好生活需要，是气象部门最大的政治，也是新时代气象工作者的历史使命。党的基层组织是党的全部工作和战斗力的基础，是确保党的路线方针政策和决策部署贯彻落实的基础。因此，加强气象部门基层党组织建设是完成这一使命的关键所在。回顾党的奋斗历程可以发现，中国共产党之所以历经曲折而不断前进，历尽苦难而淬火成钢，很重要的一个原因就是我们党始终重视从思想上建党，使全党始终保持统一的思想、坚定的意志、协调的行动、强大的战斗力。

一、新时代党的思想建设的新定位和新要求

党的十九大报告指出，“新时代党的建设总要求是以党的政治建设为统领，以坚定理想信念宗旨为根基，全面推进党的政治建设、思想建设、组织建设、作风建设、纪律建设，把制度建设贯穿其中”。在强调党的思想建设时指出，“思想建设是党的基础性建设”，“要把坚定理想信念作为党的思想建设的首要任务，教育引导全党牢记党的宗旨，挺起共产党人的精神脊梁，解决好总开关的问题”。

可见，只有抓好思想建设，解决了“总开关”的问题，才能做到在政治立场、政治方向上同党中央保持高度一致，进而为实现党的纲领和目标而努力奋斗；只有抓好思想建设，才能真正打造一支高素质专业化干部队伍，宣传党的主张、贯彻党的决定、团结动员群众、推动改革发展；只有抓好思想建设，才能把党的价值追求和宗旨意识转化为外在的作风表现，发挥好理论联系实际、密切联系群众、批评和自我批评的政治优势；只有抓好思想建设，才能持之以恒正风肃纪，继续推进制度性反腐，真正做到把权力关进制度的笼子，从“不敢腐”“不能腐”走向“不想腐”，最终夺取反腐败斗争压倒性胜利。

但是，通过实地、问卷调研发现地市级气象部门党的思想建设是普遍难题，广泛存在着“没人做”“不愿做”和“不会做”的问题。思想建设的基础性作用没有充分发挥，影响了基层党建工作的总体成效。因此，专题组希望在深入广泛调研的基础上，找出问题所在，分析其产生的根源，进而找到一些切实可行的解决办法，提高基层党组织凝聚力和战斗力，为气象事业可持续发展提供坚强保障。

二、当前思想建设中存在的问题与原因分析

为找准问题，专题组设计了调查问卷，通过新媒体面向全国气象部门党员、基层党组织书记征求意见，覆盖31个省（区、市）气象部门，共收集有效问卷1327份（其中普通党员约70%，基层党组织书记约30%）。问卷调查结果显示，当前地市级气象部门党的思想建设存在6个方面的问题，其中“理想信念教育没有真正落到实处”和“做思想工作时畏难情绪较为普遍”最为突出。

（一）理想信念教育没有真正落到实处

一是在内容上缺乏针对性。理想信念教育内容与职工的思想实际结合不紧密，不能很好地解决职工在工作和生活中碰到的思想困惑。二是在目标要求上缺乏统一性。有的一味只讲共产主义远大理想，不讲中国特色社会主义共同理想；有的只讲个人的职业理想，不讲共产党人的政治理想。三是理想

信念教育缺乏有效方法。单凭外在的灌输难以形成稳定的理想信念，只有把教育内化为受教育者本身的需要才能达到最终目的。

（二）做思想工作时“畏难情绪”较为普遍

一是存在好人主义思想。工作中不敢坚持原则，不敢与不良思想和风气作斗争。二是工作求稳怕乱。存在不求有功但求无过的错误思想。三是工作主动性不够。做思想工作是啃硬骨头，有些党员干部缺乏攻坚克难的勇气和决心。四是担当作为意识差。遇事绕着走，使命感、责任感不强。五是精神懈怠，本领不强。面对新的形势，不注重研究新情况，凭经验办事。

（三）党建工作氛围不浓

一是在内容上缺乏针对性和生动性。没有将党建工作内容与本部门工作实际紧密结合起来，对党员群众缺乏吸引力。二是在形式上缺乏多样性和灵活性。主题党日活动、党的纪念活动等流于形式，与主题实践活动结合不紧密。三是信息化手段运用不够。党建工作没有紧跟时代步伐，借助信息化手段来提高党建工作的精细化和高效性。四是与气象文化建设结合不紧密。党的建设为事业发展提供精神动力的效果不够明显。

（四）重业务轻党建

一是在思想认识上，认为只要一心把业务服务搞好了，其他都不重要；二是在工作部署上，把业务服务作为重中之重，而党建工作仅仅满足于完成上级党组织的要求，没有把“要我做”变成“我要做”；三是在力量配备上，党务干部工作岗位调整频繁，专题培训少，对党建工作业务不熟悉，疲于应付，一些同志干了一段党务工作后，仍然强烈要求继续从事业务工作；四是在目标考核上，业务服务分值占了绝大部分，党建和党风廉政建设考核分值占比很少。

（五）党的思想建设强调得多，但要求不具体

一是对党的基本理论和知识的熟练掌握程度不够，做不到理论上的清醒，就很难做到政治上的坚定和理想信念的坚定。二是思想建设工作缺乏定量化的任务和考核指标。思想建设工作的对象是人，人的思想具有复杂性、多变性，如何通过一项项具体任务来实现它是个重要课题，也是难题。三是思想建设工作任务没有分解落实到具体的岗位和人员，未能充分调动大家积极性。

（六）党组织关心普通党员不够，党员密切联系群众不够

一是在思想上关心不够。对普通党员在日常生活中碰到的思想困惑关心不够，党员领导干部与一般党员缺少谈心交流，不了解他们真实的思想状态。二是在个人发展上关心不够。每名党员的才干与机遇不一样，如何使每名党员获得相对平等的发展机会，是基层党组织的职责所在。三是常态化走访机制和困难帮扶体系尚未形成。

产生上述问题的原因很多，既有普遍性原因，也有气象部门的特殊性原因。问卷调查结果显示，最突出的原因包括 3 个方面：一是党员意识弱化；二是基层党组织在意识形态领域的宣传教育弱化；三是社会不良思想对党员的侵蚀作用明显。此外，还有地市气象局党组（领导班子）领导作用发挥不够，基层党组织发展新党员时思想把关不严，双重管理带来的管理“盲区”问题，气象部门从业人员知识结构相对单一，哲学社会科学知识相对薄弱等原因。

三、进一步做好新时代思想建设的措施与建议

专题组在分析新时代气象部门党的思想建设工作重要意义、存在问题和原因分析的基础上，提出了

“五有”的改进措施和建议。这些措施既有建党97年来的思想工作经验传承，也有新时代思想工作方法的完善和深化，还有调查问卷征集到的措施建议，措施重点考虑到规范性、实用性和可操作性，便于借鉴、推广和应用。

(一)有思想建设工作责任制

思想建设工作责任制是做好新形势下思想建设工作的重要手段，是激励和约束各级组织和领导干部履行思想建设职责的有效措施。要求做到“两覆盖一机制”。

一覆盖是所有党员领导干部都有做党建思想工作的责任和任务，即责任全覆盖。党组书记是第一责任人，切实加强对思想建设工作的领导，并着重做好班子成员的思想工作。班子成员主要做好分管部门负责人的思想工作。各中层干部主要负责本科室、县局党员和群众的思想工作。

二覆盖是所有党员和群众都有指定的领导负责对应做好思想工作并建立工作台账，即台账全覆盖。要围绕职工中产生的热点、难点问题，不失时机地做好解疑释惑、化解矛盾、稳定队伍的工作，引导职工提高站位、解放思想、转变观念。

一机制是建立风险隐患化解机制，即通过做多层级、全方位和深入细致的思想工作，对干部职工中的一些苗头性、隐患性问题及时发现、及时化解，为单位各项工作的推进、融洽干群关系、营造发展氛围起到重要积极的作用。

(二)有做好思想工作的方法

一是思想工作重在思想性。做思想工作，就是要解决思想问题。应当理直气壮地用大道理管小道理，大力弘扬正气，旗帜鲜明地批评纠正错误认识和消极思想行为，这才是真正对事业负责，对党员群众关心爱护。

二是思想工作贵在经常性。要善于结合气象业务各项工作，渗透到日常生活各个方面，见缝插针做好经常性思想工作，三两分钟不嫌短，两三句话不嫌少。人的思想转化过程是一个动态发展的过程，不能指望做一次工作就“药到病除”，必须反复抓、抓反复，不解决问题不撒手。

三是思想工作成效在群众性。每个党员群众既是经常性思想工作的受教育者，又是这项工作的直接参与者。基层党组织要充分发挥直接教育党员的作用，经常交任务、压担子、提要求、教方法，不断提高他们发现问题、谈心说理、处置异常情况和突发事件的本领，形成整体合力。

(三)有理想信念教育做基础

一是抓好党性教育这个核心。党性是党员、干部立身、立业、立言、立德的基石。教育引导党员牢记自己的第一身份是共产党员，任何时候都与党同心同德，竭尽全力完成党交给的职责和任务。始终坚持以人民为中心的发展理念，不断解决好“我是谁、为了谁、依靠谁”的问题。

二是理想信念教育要潜移默化、逐步深化。在教育形式上，可通过赴革命圣地和廉政教育基地开展现场教学和体验，走访慰问革命前辈，强化党员的使命感和责任感，在潜移默化中塑造党员的理想信念。此外，还要注重运用新兴传播手段推进理想信念教育，占领网络、舆论阵地，做到既能网下“面对面”、又能网上“键对键”，进一步增强思想政治工作的吸引力和影响力。

三是抓好道德建设这个基础。大量实践使我们越来越清楚地认识到，全面从严治党必须坚持依规治党和以德治党相结合，充分发挥理想信念的引领作用和道德情操的教化作用。引导党员、干部明大德、守公德、严私德，带头践行社会主义核心价值观，注重家教家风，堂堂正正做人、老老实实干事、清清白白为官，以实际行动彰显共产党人的人格力量。

四是将事业植入个人理想。党组织要认真分析新时代党员队伍的特点，将理想信念植入党员特别是青年党员的职业理想中，结合科技型部门的特点，在职业生涯中着重培养党员的宗旨意识、使命意识、担当意识和敬业精神。要积极引导党员把理想信念建立在扎实的实践基础上，把职业与事业统一起来，对国家和民族勇于担当奉献，对气象事业始终执着坚守。

（四）有规范化党建活动阵地

一是构建“三室三长廊”气象党建阵地，包括党员活动室、党性体检室、纪律教育室、党史长廊、气象文化长廊、气象科普长廊。党员活动室内容上要突出本级党组织是如何抓落实的动态情况。从党建年度方案、重点工作、推进动态、问题墙与回音壁、岗位建功等多角度展示。在党性体检室，通过初心唤醒、党性自检、党性会诊、对照红线等四个环节，对每个党员的党性进行打分测评，诊断出问题与不足，明确今后努力方向。纪律教育室是集支部活动、廉政谈话、党员学习为一体的综合平台。

二是按照“345”模式打造智慧党建平台，即面向3类服务对象（党组织、党员、群众），做好4个终端覆盖（PC、手机、大屏和线下阵地），形成5大功能支持（党建宣传、组织管理、党员服务、沟通交流和决策分析）。依托智慧党建信息化管理平台，实现党建线上与线下、局部与整体、党务政务与服务的“三个融合”，有效提升党组织建设和党员教育培训管理的科学化、信息化、便捷化、智能化水平。

（五）有完善的谈心谈话制度

一是在形式上以个别谈话为主，以集体谈话为辅。二是在内容上要坚持问题导向，突出思想性，引导谈心对象说出真话、实话，要增强针对性，做到有的放矢。三是在主体上以党支部书记为主，支部委员和普通党员为辅。四是要做到“六类人”必谈，分别是入党积极分子、新党员（预备、转正）、受表彰或处分的党员、外出流动党员、因自然灾害和重大疾病等造成生活困难的党员或群众、有过信访经历或对单位有较大意见的党员群众。五是要做到“六种情形”必谈，分别是民主生活会和组织生活会前必谈、工作岗位变动时必谈、思想情绪异常波动时必谈、群众有不良反应时必谈、遇到困难和挫折时必谈、受到组织处理或纪律处分时必谈。六是坚持七项原则，包括平等原则、诚恳原则、求实原则、党性原则、与人为善原则、注重实效原则、保守秘密原则。

地市级气象部门党建工作责任重大、影响深远，限于专题组所有成员水平有限、时间有限，本报告仅从思想建设的角度入手，试图解决地市级气象部门广泛存在的问题。需要说明的是，报告虽然研究的是“地市级气象部门”的思想建设问题，但与省局机关党支部、省局直属事业单位党组织、县气象局党支部均有很多类似之处，在实际操作中可以参考借鉴。

致谢：中国气象局机关党委宋善允同志，干部学院王志强、田燕同志，湖南省气象局罗焕娟同志，以及延安、榆林市气象局的同志。

关于国有官方网站改制上市的调研报告

李海胜　卫晓莉　王慧　刘汉博　张硕

（中国气象局华风气象传媒集团）

按照《中国气象局关于继续深化公共气象服务中心和华风集团改革的通知》（中气函〔2018〕45号）要求，要"以中国天气网为平台，整合打造全国气象传媒服务融媒体平台；围绕主要经营方向和业务拓展目标，探索资本入股、统一经营、市场运作、利益风险共担的运作模式"。中国天气网经过十年发展，已经成为中国气象局公众气象服务的重要窗口，未来是否有可能通过改制上市进一步激发企业活力，实现做大做强的目标，对于中国天气网的发展规划具有方向性意义。

华风气象传媒集团通过深入访谈、实地考察、文献查阅、互联网搜索等方式开展国有官方网站改制上市的调研，提出了官网上市是挑战也是机遇，只有通过市场化运作，才能更好地促进公共气象服务的社会化、规模化发展。

一、国有官方网站改制上市基本情况

我国的国有官方网站改制上市，主要集中在传媒领域。2009年5月，国务院新闻办公室划定了十家转企改制试点企业，人民网、新华网均在其中，为实现新闻网站与市场融合，既满足网站自身发展的需要，又满足政府政策的刚性要求，人民网、新华网相继转制。

2012年4月，人民网在上海证券交易所上市，使其不仅成为国内A股第一家上市的媒体企业，更是"中国官网第一股"。之后，国有传统媒体纷纷效仿人民网模式，谋求以资本的力量来推动自身做大做强做优。2016年10月，新华网股份有限公司在上海证券交易所成功挂牌上市，成为继人民网之后官网上市的第二股。

2015年以来，龙韵股份、江苏有线、引力传媒、读者传媒、南方传媒等文化传媒企业相继上市。但与其他官网相比，人民网和新华网对于中国天气网的借鉴意义更大。人民网和新华网在改制上市前，均属于事业体制下的国家级重要新闻网站，资产形态属于国有，运营经费部分由财政拨款，管理层属于事业编制，领导由上级单位任命，网站在政府划定的范围之内发展，无论是管理方式还是业务模式，都有着深刻的事业体制特征。这与中国天气网的背景非常相似。

（一）人民网上市基本情况

人民网的前身为人民日报网络版，1977年1月正式上线。2005年2月，人民日报社、《环球时报》和中闻投资共同出资成立了人民网发展有限公司；2009年10月，人民网根据中央关于新闻网站改制的政策启动改制，成立人民网传媒文化传播公司；2010年6月，正式变更为股份有限公司，并引入7家新闻宣传国企作为股东；2010年年底，人民网引入战略投资，投资方包括中银投资、北广传媒、中国移动、中国联通、中国电信、中国石化、金石投资和英大传媒等15家公司。2012年4月27日，人民网在上海证券交易所上市交易，创造了中国资本市场的两个第一：第一家在国内A股上市的新闻网站，第一家在国内A股整体上市的媒体企业（包括采编队伍）。目前人民日报社是人民网的绝对大股东，经两轮稀释，上市后持股比例仍占总股份的48.43%。

(二)新华网上市基本情况

新华网创办于1997年11月。2009年5月,新华网根据中央关于新闻网站改制的政策启动改制;2010年6月,按照中央要求和新华社党组部署,新华网由文化事业单位向互联网文化企业转型,实行企业化运作;2011年4月,新华网被财政部、国税总局、中宣部等三部门联合认定为转制文化企业,由此迈出上市重要一步,2011年5月,新华网转为股份制公司——新华网股份有限公司;新华网最初的股权结构是新华社占97%,经济信息社占3%。引入战略投资后,新华社持股比例约占85%。2013年1月,新华网提交IPO申请,同年3月获得证监会受理,但其后,因A股IPO叫停,后期申请企业排队严重、核准停滞等大环境因素,至2016年10月28日,新华网股份有限公司在上海证券交易所成功挂牌上市。上市后新华社作为最大股东,持股比例63%,股东构成中还有文化产业基金、中国联通、南方报业、中国电信、江苏广电、中信信托、皖新传媒等都是清一色的国有背景。

二、国有官网改制上市的利弊分析

企业上市就意味着向公众开放,在接纳公众融资的同时,放弃作为非上市公司的一些权力。在全球500强企业中,也有5%左右的企业是非上市公司。可见,改制上市是企业发展壮大的有效手段,但并非所有公司发展壮大都必须通过改制上市来实现。

(一)国有官方网站上市的优点

国有企业是否走改制上市的道路,大多数国有上市企业一致给出了积极而明确的态度,认为国企上市,很好地解决了机制体制内的发展问题,公司在面向公众开展服务时更具有竞争力,又能够获得可观的盈利,促进公司自身发展的同时反哺事业。

人民网和新华网改制上市后至今,发展势头良好,总结改制上市对于企业发展的优势,首先是影响力显著提高,品牌价值大幅提升;其次是市场认可度高,尤其是国外企业对国内上市的国有企业更具有信任感;再次,企业进入资本市场后,视野更加开阔,发展渠道增多,更具有资金优势。

此外,企业上市之后更具有独立性、完整性,可以解决诸多体制内无法解决的问题,理顺与事业单位和部委的关系,用股份有限公司制的要求,平衡政府职能和市场职能之间的关系,实现公司良性发展。人民网转制前年经营收入约2亿元,2017年公司实现营业收入14亿元;新华网转制前年收入约2000万,2017年公司实现营业收入15.02亿元。

(二)国有官方网站上市的弊端

公司上市的实质是通过出让公司股权来获得投资人的资本投入,因此,国有官方网站改制上市,多少都会使得原有的股东对公司持股比例下降,导致控制权削弱。其次,上市公司都有严格的监管制度,改制上市后,企业被监管程度加大、所有操作必须规范、相关信息需要公开披露,因此,企业的压力也较大。

三、改制上市过程中需处理好的核心问题

(一)事转企过程中的人员安排

人民网和新华网在改制过程中都存在事业编制人员的去留问题,但整体过渡平稳顺利,除个别临近退休人员选择留在事业单位外,绝大多数事业身份员工选择放弃事业身份,转为企业聘用员工。主要原因在于以下几方面。

一是这两个单位在改制之前，由于业务发展有很多聘用员工，事业编制人员只有数十人（人民网改制前，聘用制员工500余人、事业编制人员35人），且管理上事业身份职工与聘用职工同岗同酬多年，员工从思想上基本接受企业化管理方式。

二是改制上市前，人民网与新华网的发展都处于上升势头，员工对公司前景普遍看好，对公司上市有信心。

三是事业单位为转企职工提供了充分的保障政策，使得转企的事业编制职工没有后顾之忧，包括：事业身份职工在转企前，均在事业单位人事部门进行备案，选择企业后，仍保留返回事业身份的通道；事业、企业员工可以交叉竞聘；人民日报社规定，事转企的职工在企业退休后，如退休工资标准低于事业标准，差额部分由企业承担（如企业无力支付，则由报社承担）。此外，董事会成员可以不做身份转换，目前人民网的董事长仍为事业身份，在人民网不取薪。

（二）公司与主管事业单位之间的关系

改制上市之前，人民网和新华网都属于事业体制管理范畴内。改制上市之后，这种关系虽然有所削弱，但两者之前仍然存在千丝万缕的联系。

一是股东关系。改制上市之后，人民日报社和新华社仍然分别是人民网和新华网的最大股东，行使其大股东权利，包括参与决策权，选择、监督管理者权，资产收益权等，其中人民网对大股东的利润分红还设立了保底制。

二是主管主办单位关系。人民日报社、新华社是人民网和新华网的主管主办单位，舆论导向内容、重大事项决定等工作，下级单位仍要服从主管主办单位的管理。

三是关联交易。改制上市后，人民网和新华网与股东之间互相使用资源需要进行结算。使用股东资产（采用稿件、租用办公场地等），均需按照市场标准支付费用。

四是依托上市公司品牌，为控股股东及其下属子公司联合拓展市场项目、发掘投商机会，获得收益。

（三）党委与董事会之间的关系

改制上市后的人民网与新华网中，党委会与董事会、股东大会共同构成公司内部决策圈，其中党委的角色至关重要。党组织发挥的管理作用写进公司章程，三重一大等重要事项、政治舆论导向都要报党委通过。党委成员要进入董事会，通过交叉任职的方式和公司治理结构来实现党委对企业的管理。但同时，党委会管理不能替代公司制管理，所有流程均需按照公司制度执行。

四、改制上市需具备的条件

（一）政策支持和领导决心是最重要保障

人民网和新华网之所以能顺利改制上市，首先得益于政策支持。早在2006年前后，人民网、东方网等一批经营状况良好的官方新闻网站就曾经谋求转制上市，但当时国家政策尚不明朗，因此在那一轮转制上市努力中，走在前面的东方网和人民网并没有成功。

2007年，决策部门开始为官网改制上市“吹风”，要“积极推进新闻网站体制改革试点”。2009年9月，主管部门下发《关于重点新闻网站转企改制试点工作方案》文件，官网改制上市由此提上日程。2010年5月召开的“全国重点新闻网站转企改制工作座谈会”，再一次为官网上市计划提了速。行政的推动力量使得人民网在引入投资者、通过IPO上市审核等各项流程中都一路绿灯，可以说是人民网能够在三年就运作成功上市的决定因素。

在改制上市中，人民网之所以成为“第一个吃螃蟹的人”，和人民日报社领导的决心毅力有直接因果关系，这是人民网上市运作中最坚实的后盾和保障。上市过程中遇到难题，尤其在涉及不同部门的利害关系时，社领导能顶住压力，甚至牺牲部分利益，以确保人民网能达到上市要求。例如在决定环球在线网站的归属、《证券时报》停止广告经营业务避免与人民网形成同业竞争等过程中，对人民网给予了极大的支持，清理了人民网上市路途中的障碍，是人民网快速上市的关键。

（二）保持公司的连续高利润是上市的关键条件

证监会对于IPO诸多硬性条件中最重要的就是净利润，可以说，净利润的高低，直接决定了IPO核准的通过与否。根据《首次公开发行股票并上市管理办法》规定，首次公开发行股票并在主板上市，需要满足最近三年连续盈利，且最近三年累计净利润不低于3000万元。此外，还要求最近三年经营活动产生的现金流量净额累计超过5000万元，或者最近三个会计年度的营业收入累计超过3亿元。

由于该条属于必要条件，因此无论人民网还是新华网，在筹备上市过程中，都是将其盈利能力较强的业务打包到拟上市公司中，以达到上市要求。此外，净利润的多少还与上市后能募集到的资金总额密切相关，如果净利润少，能募集到的资金也相对较少。

（三）处理好同业竞争和关联交易

证监会对提交上市申请的企业，会严格考察其业务是否具有独立性、完整性、可持续性，企业需要在“业务、资产、人员、财务、运营”五个方面实现独立。同时，为保护股东权益，提交上市申请的企业还要避免与主要控股股东及该股东下属的企业存在同业竞争和关联交易。人民日报社旗下的《环球时报》主办的环球在线网站与人民网的业务属于同业竞争，因此人民日报社高层决定将《环球时报》持有的60%的环球在线的股权划转入人民网，使上市公司成为环球在线的控股股东，并通过签署固定资产转让协议解决了固定资产划分的问题。为了解决母媒体在各项业务中千丝万缕的联系而造成的关联交易问题，人民网与人民日报社签署了包括版权许可、技术服务、房屋租赁等一系列协议。

（四）引入战略投资的重要性

人民网和新华网在上市过程中都引入了战略投资者，主要目的在于提升公司形象，提高资本市场认同度，同时优化股权结构，加快实现公司上市融资的进程。虽然政策上没有明文要求，也没有限制国有企业引入战略投资方的性质，但人民网及新华网在资本引入过程中，一般都选择了或者是业务相关的企业，或者是存在上下游关系的国有企业。

五、改制上市后面临的问题

（一）员工持股激励制度难以执行

上市之后，管理人员和普通员工待遇都有所提高，对于吸引人才和留住人才有一定作用。依据目前的政策，国有文化企业上市公司可以做员工持股的激励计划，但考虑文化企业利润增长指标不好制定、内部人员情况复杂、意见不统一等综合原因，人民网、新华网两家单位均未启动员工持股。

（二）接受股东管理和高效办事之间的矛盾与平衡

人民网与新华网绝对控股股东仍在机制内，舆论导向类的政治任务仍需要无条件执行，各类重大事项均需按流程请示主管单位、报党委通过，对境内全资和控股公司，均派高管占董事会席位，进行业务监管；办事效率难免会受影响，经营主体单位需要平衡，按要求接受管理与高效办事之间的矛盾。

（三）官网上市是机遇更是挑战

官网上市，其表现的好坏，更具有社会影响力，人民网与新华网作为官方媒体网站，其改制和上市涉及非常复杂的协调，并不只是简单的商业逻辑，所以，官方网站上市后，还要经过磨合，适应市场化、灵活机制，找到清晰的盈利模式，压力巨大。

六、对于中国天气网的借鉴意义

国有气象企业长期托庇于垄断性的行政资源，很大程度上置身于市场之外，严重缺乏市场竞争力。目前，国内气象市场竞争激烈，墨迹天气完成了四轮融资，于2016年就提交了创业板招股书，如果民营企业墨迹天气成为国内第一家上市的气象企业，会影响整个国内气象服务市场的格局，气象局体系企业会受到严重冲击；即使墨迹天气短期不能上市，其5亿多的用户规模和越来越多国际企业进入中国气象市场的局面，都对国有气象企业提出了严峻的挑战。

调研中，人民网和新华网一致表示，国有企业上市，整体利益远大于弊端，两家公司能够成功上市，一借改革东风、二靠股东强力支持、三凭自身业务达标。

2018年，按照中国气象局的改革要求，公共气象服务中心与华风集团实现了事企分开，中国天气网作为华风集团数字媒体板块的领头羊，实现了较为彻底的企业化运作。未来可以借鉴人民网、新华网模式，通过市场化运作，理顺体制机制，以促进公共气象服务的社会化、规模化发展，通过现代企业制度，为气象服务赋能。虽然改制上市之路必然艰难，但是不走这一步，不能市场化运作，以清晰的盈利模式、灵活的机制取胜，国有气象企业服务市场必将逐渐萎缩。

河北省人工影响天气服务生态修复和保护工作的分析与对策

李宝东　张健南

（河北省气象局）

为深入学习贯彻党的十九大精神，河北省气象局针对人工影响天气（以下简称“人影”）服务生态修复和保护的相关问题进行了调研。先后实地察看了4个市、7个县气象局和15个作业单位，召开座谈会12次，与政府领导、部门负责同志、业务指挥人员、作业人员交换了意见，收回书面问卷39份。谋划起草了《白洋淀水生态修复人影服务保障工程实施方案》并通过专家评审论证，与围场、张北机场集团签订了《战略合作框架协议》。

一、主要生态修复和保护区需求分析

（一）坝上森林草原生态修复区

张家口、承德坝上地区常年少雨，土壤干旱，农业生产在开荒—弃耕—再开荒—再弃耕的生产模式指导下，大量草原遭受破坏而变为沙漠化土地。现在，坝上沙漠化农田面积已达到4751万亩，占耕地面积的48.5%，草场沙漠化面积也已达到35129万亩，占草场面积的38.7%，严重危害了农牧业生产和生态环境。

（二）燕山水源涵养生态修复区

燕山水源涵养区生态状况是河北省生态保护最好的区域之一。但由于该地区工农业发展、人口增加，生态环境也不同程度遭到破坏。比如，滦潮河流域100千米^{2}以上的大支流有28条，10～100千米^{2}的支流有126条，现在常年有基流的河道已不足30%。据某水文站记载，1959年潮河年净流总量3.54米^3，到2000年已减少到0.43亿米^3，近几年春季遇枯水期，河水出现断流。

（三）太行山东麓及黑龙港流域地下水超采综合治理区

太行山东麓和黑龙港流域地下水超采非常严重，区域内地下水超采面积已达5万多平方千米，形成了21个地下水漏斗，其中沧州漏斗和冀枣衡漏斗深度世界罕见。地下水位下降导致地面沉降，建筑、道路和地下管线被破坏，造成严重的经济损失，生态修复刻不容缓。

（四）白洋淀水生态修复区

白洋淀流域1965—2012年年平均降水量为523.4毫米，比1956—1964年的年均值减少了22%，流域径流量减少50%。近30年，除1996、2013年等个别年份外，白洋淀水位均未超过8.3米的汛限水位，枯水最严重的20世纪80年代曾连续五年水位低于干淀水位6.5米，面积也萎缩至150千米^{2}以内。

二、人影服务生态修复和保护工作现状

（一）空地一体化的人影业务体系基本形成

省政府购买的3架增雨飞机（空中国王庆丰号、运12耕耘号、播雨号）全部投入运行，实现了全省全年飞机增雨全覆盖。石家庄飞机增雨和科学实验基地投入使用，冀东、冀西北飞机增雨基地建设项目也正式启动，飞机增雨保障能力明显增强。优化了全省作业布局，建成标准化作业点187个，更新自动化火箭发射系统62部，高炮自动化改造51门。调整了全省人影业务布局，明确省、市、县、作业单位四级业务分工，建立了以省级为核心、市县级为基础，保障关系统一协调、作业力量统一调度、潜力预报统一发布、作业方案统一设计、联合作业统一指挥的全省空地一体化人工增雨防雹业务体制。

（二）围绕人影关键技术的野外科学试验全面展开

在河北省中南部约6万千米^{2}范围内建设了人影外场试验区，增加了地基人影特种探测设备，与基本气象观测系统及空中探测平台共同构成了高分辨率的“天、空、地”三位一体的立体观测系统。先后与北京大学、北京师范大学合作，在河北南部开展了双机、多机联合观测以及空地联合试验；与中国气象局人影中心、中科院大气所、南京大学合作，开展了太行山东麓人工增雨防雹作业技术试验；成功地召开了第一届人工影响天气观测技术发展大会。

（三）服务生态修复和保护工作初步实践

2012—2015年，邢台市开展百泉复涌生态修复人影服务，全市开展增雨（雪）作业857点次，发射火箭弹4123枚，炮弹640发，碘化银焰条260根，泉域范围增加降水4亿多立方米，年均降水量较该区域30年（1981—2010年）平均降水量增加8%左右。

2014—2016年，国家启动了河北省地下水超采综合治理试点，河北省气象局实施了人工增雨（雪）项目。建设了区域人影立体观测系统，提高了基础保障能力，进一步完善了不同云系人工增雨概念模型和作业判别指标，提高了监测预警、作业方案设计、联合作业（观测）指挥、效果检验分析等关键技术能力和科学水平。

三、存在问题及原因分析

（一）体制机制不相适应

一是思想观念不适应。2018年5月，省气象局组织的人工增雨中，90%以上的市县政府表示进入汛期不再增雨，如果如此，全省将失去80%以上的云水资源不能开发利用，气象部门只能“只做不说”，十分尴尬。二是管理体制不健全。随着气象防灾减灾任务的增多，特别是人影服务从季节性向常态化转变，从事人影管理和业务指挥人员明显不足。三是业务机制不完善。市级指挥调度能力较弱，业务技术水平普遍较低；受客观因素影响，县级作业业务布局不科学，作业单位整体业务水平较差。

（二）科技支撑能力仍然不足

一是监测能力严重不足。基本气象观测业务不能满足人工增雨观测云的微物理结构需求，云水资源评估、相态识别、条件预报、实时指挥、效果评估等业务需要的监测手段亟待加强。二是核心技术需要突破。要实现人工增雨“三适当”，需要准确预报、综合观测、精细分析、实时调度、精准作业。因此，必须

在云降水精细化分析技术、增雨天气模型、判别指标体系和效果评估等关键技术上有所突破。三是效益评价体系尚未建立。目前，增雨效果评估仍是世界性难题，需要相当长的时间探索。因此，需要建立效益评价体系，综合评价人工增雨在服务生态修复和保护中的作用和影响。

(三)综合保障能力存在差距

一是经费投入参差不齐。据调查统计，2017 年，全省县级人影专项投入最多的 80 万元，最少的 2 万元，有 22%的县年投入在 5 万或 5 万以下。将各县经费投入平摊到作业点上，有 37%的作业点年运行经费不足 4 万元。由于投入少，增雨作业量明显偏少，最少的每年发射火箭弹仅 4 枚，28%的县少于 20 枚。二是作业人员积极性明显偏低。全省人影作业人员共 1036 人，其中气象部门职工 33%，企业、森林防火人员占 10%，其余均为聘用人员。由于工作任务重，安全压力大，作业补贴少，气象部门职工作业积极性不高。财政聘用人员工资补贴普遍偏低，作业期内，多的每月每人 500 元，少的每年只有 500 元左右。三是基础设施相当薄弱。目前河北省仅有固定作业点 209 个，符合标准化要求的 187 个，且集中在邢台、沧州等市，北部地区较少，特别是生态修复和保护需求格外旺盛的张承地区，更是寥寥无几。

四、具体对策与措施

深入贯彻习近平生态文明思想，认真落实国务院人工影响天气座谈会精神，坚持人影公益性工作定位，坚持人影研究型业务定位，由“规模”向“质量”转变，由“季节性”向“常态化”转变，由“各自为战”向“联合作业”转变。

(一)服务国家战略和省委省政府决策部署

1. 谋划生态修复和保护人影项目

围绕京津冀协同发展、雄安新区规划建设、精准扶贫、乡村振兴等国家战略实施，以坝上森林草原生态修复、燕山水涵养生态修复以及白洋淀、衡水湖水生态修复为重点，积极谋划建设项目，建立云水资源评估、监测和预报业务，调整作业布局，完善保障机制，提高人影服务科学水平和效益，在生态修复和保护中发挥积极作用。

2. 实施《华北地下水超采区域人工增雨雪行动方案》

落实《河北省地下水超采综合治理五年实施计划(2018—2020)》，组织实施人工增雨雪行动计划，准确预测作业天气过程和增雨潜势，指挥调度空地作业力量，科学开展人工增雨雪作业，增加冬小麦关键需水期降水量，减少农业灌溉地下水开采。加大平原地区夏季对流云增雨作业，增加地表水补充地下水。

3. 实施《河湖地下水回补人工增雨项目》

落实《河北省水资源统筹利用保护规划》，结合精准扶贫，对三条河流及上游的贫困县在基础建设和装备弹药购置等方面给予支持和补助。充分发挥距离石家庄增雨基地近、空域保障好的优势，积极组织区域内增雨飞机、地面火箭、烟炉等全部增雨雪装备设备，开展空地一体化的增雨雪作业，加大作业力度和频次，最大限度地增加有效降水。

(二)建立适应服务生态修复和保护需求的新业务

1. 建立云水资源评估、监测、预报业务

实施《云水资源开发及其和陆地水资源的耦合利用》业务应用示范，建立云水资源的评估方法，加强对云水资源特性的气候分析，优化生态修复型飞机增雨作业方案和地面作业方案；建立生态修复型云水资源开发作业潜力预报业务，滚动发布云结构特性和云水资源开发潜力及作业预案；建立生态修复型云水资源开发条件监测业务，建立相应的技术体系和指标方法；加强云水资源监测能力，建设能满足云水资源预报检验、云水资源开发作业条件和效果监测的地基云降水观测设备。

2. 建立人影服务生态修复和保护效益评价业务

探索人影服务生态修复和保护效益社会化评估机制，在传统统计检验、物理检验的基础上，拓展评价要素，科学评价人影服务生态修复效益。与水利、林业、农业等部门开展广泛合作，分析区域水库库区面积和水位变化、流域径流变化、土壤墒情变化、植被覆盖率变化等。开展典型过程的云水资源开发全链条试验分析，评估云水资源开发对区域陆地水资源的供需和水资源分配的影响。

3. 建立飞机观测资料实时管理业务

积极推动国家重大项目建设，在石家庄飞机增雨基地，补充建设机载设备技术保障实验室，开展机载大气探测设备的标定、维护和维修工作；建设机载设备研发实验室，开展机载云雾物理探测设备研发、专用标定维修维护设备研发、机载人影探测设备功能性能检测；建设飞机探测资料数据质量控制系统，提升飞机机载探测资料的实时采集及显示、质量控制、数据处理和数据分发能力。

(三)探索适应服务生态修复和保护需求的新技术

1. 扩大人影观测设备的业务试用

重点做好风云四号卫星产品应用示范，建立和完善卫星遥感数据人影作业条件判别指标；补充建设人影专业观测设备，建成栾城、黄寺—柳林人影观测超级站；建立 X 波段双偏振雷达组网观测和云雷达、微雨雷达、风廓线雷达以及微波辐射计、雨滴谱等综合观测应用指挥业务；加大机载探测设备的研发力度，加快机载观测设备国产化进程。

2. 推动科技成果转化和新技术的应用

开展无人机冬季增雪、消减雾霾等试验，探索建立空域协调、指挥调度、方案设计、催化播撒等业务；建立科研成果转化机制，建设和完善释用平台，形成科技成果、产业研发、业务释用、科技创新闭合链条；完善科学实验基地功能，为国内外科学家开展科学试验提供高端基础平台；试用暖云催化技术、新型催化技术，探索电场、磁场、超声波、激光等技术在人影服务中的应用。

3. 开展人影关键技术大型室内、野外实(试)验

继续开展太行山东麓人工增雨防雹作业技术试验和冬奥会人工增雪试验，开展地形云、对流云增雨防雹作业技术试验等大型野外试验，开展空空、空地、空天观测技术对比试验，开展人工干预雾霾试验，开展催化剂核化机理、成核率及暖云催化剂催化机理研究等室内实验，不断提升人影作业的科学水平。

(四)完善适应服务生态修复和保护需求的新机制

1. 完善"全省一盘棋"的管理体制和业务机制

加大机构改革的力度，增加人员编制，实现省、市、县各级政府相关政策的有机衔接，增强责任感和使命感；建设"省级核心指导—市级调度指挥—县级组织保障—作业单位实施"的四级联动指挥业务机制，规范冬季增雪以飞机和地基碘化银发生器为主，春秋季增雨以飞机、火箭为主，夏季增雨以火箭为主的常态化的增雨作业机制。

2. 完善"以奖代补"的投入激励机制

建立规模化、精准化、常态化人工增雨作业保障机制，明确省、市、县事权责任，明确飞机托管、设备维护、空域协调、弹药购置、作业点运维、人员补助、安全防护等主体责任和资金保障；建立生态修复型人影作业奖惩机制，对作业听指挥、完成任务好的市县予以奖励，对作业人员也给予相应奖励，以奖代补，有奖有罚。

3. 完善以"财政供养"为主体的作业人员聘用机制

建设"统一培训考核、县级财政供养、作业单位管理"为主体的社会化人影服务队伍，规范作业人员作业补贴；完善森林防火、民兵预备役等专业队伍人影作业机制；加强作业人员培训考核，提高作业人员的专业技术素质和安全观念；探索建立作业人员技术等级评定机制，作业补贴与技术能力挂钩，保持作业人员队伍的稳定。

河南省气象部门干部人才队伍建设的问题与思考

王鹏祥　魏延涛

（河南省气象局）

为认真贯彻落实习近平总书记关于大兴调查研究之风的重要指示精神，认真贯彻新时代党的组织路线，根据河南省气象局党组调研工作安排，干部人才队伍建设专题调研小组于2018年6—10月围绕干部人才工作中的重点、热点、难点问题，赴基层单位、兄弟省份等进行工作考察。有关情况报告如下。

一、取得的成绩及问题分析

（一）取得的成绩

1. 规范管理，建设高素质干部队伍

一是干部管理制度较为完善。制定干部管理相关制度19项，规范干部管理。二是坚持党管干部，严格执行干部选拔规定与程序，坚持“凡提四必”，坚决防止“带病提拔”。三是坚持每年年初编制处级领导班子综合分析研判报告，统筹规划干部队伍，加强干部针对性培养锻炼，着力提升干部工作科学化水平。四是大力推进干部轮岗。目前河南省气象部门同一岗位任职10年以上的正处级领导干部已由2016年的15人减少至1人，减少了93.3%；副处级领导干部已由2016年的40人减少至22人，减少了45%。

2. 从严从实，加强干部监督管理

一是积极开展干部专项检查工作。党的十八大以来开展了多项专项检查工作，目前河南省气象部门无超职数、超机构规格配备干部现象，无违反任职回避规定、机构编制、“吃空饷”、参公人员在企业兼职等情况发生。二是做好干部监督工作。强化日常考核、年度考核、个人有关事项报告工作。把财务、审计、巡察三个全覆盖反馈结果作为干部调整重用依据。三是强化对处级单位干部选拔使用的指导和监督工作，建立干部调整岗位数、基本资格预审工作机制，近年来共叫停省辖市气象局干部调整8起，涉及人员12人。对于未执行任职回避、临时调整干部、突破条件提拔干部的单位领导给予提醒教育。四是集中管理处级干部因私出国（境）证照112本，严格履行出国（境）审批手续。

3. 多措并举，创新人才队伍管理

一是科学构建人才管理体系。认真学习贯彻《中国气象局关于增强气象人才科技创新活力的若干意见》，紧密联系河南气象人才工作实际，相继出台18项管理制度，形成了涵盖人才引进、培养、使用、激励、评价、岗位管理等全方位的人才管理体系。二是创新人才培养机制，根据人才成长规律，建设年龄梯次合理、可持续发展的人才队伍。自2017年起，每两年选拔一定数量的30周岁左右的青年人才、40周岁以下的骨干人才、50周岁以下的拔尖人才。设定培养目标，签订任务，加强考核管理，通过科研项目支持、创新团队带动、人才激励等培养措施促使人才成长。三是充分发挥高层次人才作用。2017年选拔省局首席专家31人，新组建创新团队10支，高层次人才科技引领、技术把关作用进一步彰显。四是制定岗位竞聘实施意见，着力提升岗位聘用的科学化、客观化水平，不断完善能上能下的良性竞争机制，充分发挥岗位管理的激励作用。五是大力加强基层人才队伍建设。制定《河南省气象部门县级综合气象业务技术带头人培养实施意见(试行)》,已选拔县级综合气象业务技术带头人58名。

(二)存在的问题

1. 干部队伍配备不全

截至2018年9月底,河南省气象部门37个处级机构,16个尚未配齐领导班子;处级领导职数125个,实配104人,副处级领导岗位12个;处级非领导职数37个,实配调研员29人;112个县级气象机构仅配备正科级领导干部98人。“位等人”和“人等位”的现象同时存在。

2. 干部队伍年龄结构老化

干部队伍年龄分布存在“一头沉”现象,整体年龄偏大。截至2018年9月,正处级领导干部平均年龄为51.6岁,50岁以上的占比75%;副处级领导干部平均年龄为50.3岁,50岁以上的占比64.5%;正科级领导干部平均年龄为47.1岁,其中46岁以上的占比60.5%;县局长平均年龄为48.9岁,46岁以上的占比70%,任正科级职务平均年限达到11.5年。干部能上能下的机制还未完全建立,部分优秀年轻干部没有“用当其时”,一定程度上存在“重使用轻培养”的现象。一些单位对优秀年轻人选培养重视不足,缺少优秀年轻干部人选,没有成熟的处级领导干部人选。

3. 干部交流推进不够有力

由于交流干部保障措施不够有力,省、市、县之间工资收入差异较大,部分干部大局意识不强等原因,造成干部向基层、向经济欠发达地区交流困难,干部交流机制尚未完全落实。在同一岗位任职超过10年的副处级领导干部有19人,占干部队伍的19%,同一岗位任职年限超过15年的10人,其中最长的达到18年。同时与地方部门干部交流有待加强。近年来选派干部到地方挂职仅2名,互相交流干部仅4名。

4. 人才结构不够合理

目前河北省气象部门具有高级职称人员434人,占全省气象部门职工总数的37%,在全国省级气象部门中位于前列。但因部分用人单位对人才工作重视程度不够,竞争机制没有完全建立,存在论资排辈情况,部分专业技术人员取得高级职称后,进取意识弱化等诸多原因,目前河北省缺乏在全国有影响力的领军人才:无人入选国家级创新团队人员,全国仅河北与青海、福建无专业技术二级岗任职资格人员。入选中国气象局人才工程的只有3人,主持参与重大科研项目人员缺乏。

5. 人才“引”“留”不理想

受中部地区事业单位收入、工作环境、人才流动机制等因素影响,部分毕业生对本省气象部门职业认同度不高。近3年,本省完成中国气象局批复的毕业生接收计划平均比例为68%,毕业生接收计划空缺47个,其中83%为县级气象部门,部分经济欠发达的县局连续多年未招录到毕业生。同时,对高学历人才的吸引力不强。2016年至今,仅引进大气科学博士2名,大气科学类硕士19名。个别基层单位存在人员流失情况。2013年以来,招录到基层气象机构的工作人员有14人辞职,留下来的部分人员也因为视野狭窄、经历单一、工作热情不足等,导致发展受限、后劲不足。

6. 编外用工矛盾逐步显现

编外人员总量大,消减慢。截至2017年年底,河北省气象部门聘用编外用工901人,已达到在编人员的45%。精简编外人员的措施不够有力,截至2018年第三季度末,编外人员较2017年年底仅减少7%。劳动纠纷隐患逐渐浮现。一些单位在编外人员管理上随意性强,缺乏严格的制度约束,存在编外人员管理制度不健全、合同签订不规范、社保缴纳不到位等现象。随着气象部门改革的逐步深化,气象科技服务收入下滑,编外人员经费保障能力下降,劳资双方矛盾逐步显现,潜在的劳动纠纷隐患加大。

二、建议与思考

(一)强化干部队伍建设,保障气象事业高质量发展

1. 加强干部队伍政治能力建设

一是加强理想信念教育。把政治素质、政治能力培养摆上突出位置,坚持政治训练、岗位历练、实践锻炼一体推进。加强领导干部理想信念教育、宗旨教育,积极开展领导干部政治思想专题培训班,每2年对全省气象部门100多名处级领导干部轮训一遍;每年选送1名厅级、4名左右处级领导干部到省委党校学习,积极选送领导干部参加中国气象局轮训。二是实施"墩苗壮苗"计划。选派优秀干部到基层、艰苦地区挂职、任职,在解决复杂矛盾问题中提高政治素养和管理能力。对于大局意识不强、不服从调动的干部不予提拔使用。三是加强干部"德"的考核。在干部提任民主测评、年度考核民主测评时,注重对干部"德"的专项考核,对考核结果深入分析研判,对考核情况排名靠后的干部重点关注、跟踪了解。

2. 实施干部接力培养计划

一是分层级建立和完善年轻干部信息库。掌握10名左右45岁以下正处级干部人选,30名左右40岁以下副处级干部人选,50名左右正科级干部人选。对年轻干部库实行动态管理、及时更新信息,全面准确掌握干部最新状态,科学评价干部。二是强化年轻干部多岗位培养锻炼。每年从年轻干部库中选派优秀年轻干部上挂下派,积极向中国气象局、地方组织部门推荐优秀干部挂职锻炼。每年选取2名左右年轻干部到基层任县局长,任期2年。积极选派优秀年轻干部参与扶贫攻坚,到贫困村任第一书记。三是每半年开展一次干部队伍分析研判,及时提拔、重用优秀年轻干部到领导岗位,不断优化干部队伍结构。个别特别优秀、有较大潜力,或事业急需的干部重点提拔,甚至破格提拔。四是建立符合事业单位实际的干部选用机制,加大高学历、高职称年轻干部的培养使用力度。

3. 着力推进干部交流制度

一是完善干部任期制。处、科级干部实行任期制,每个任期5年,同一岗位两个任期期满后交流轮岗。异地交流任职一般为一个任期。二是坚持干部交流工作制度,切实做到应交流必须交流。定期研究交流干部,在干部调整时,优先考虑已经完成交流任务、达到交流目的的干部。三是在政策范围内不断创新工作举措,为交流干部创造更加良好的工作、生活环境。

4. 统筹使用干部资源

一是对表现优秀、对事业发展贡献较大、多岗位任职、异地交流任职且同一职级任职时间长的干部,退休前可以考虑调入上级单位。二是探索按照干部从非领导到同级领导、下一级职位到上一级职位晋升的方式开展干部调配工作。

5. 全方位了解干部

坚持人事纪检部门联席会议制度,充分共享干部管理信息。加大对处级领导班子考核管理力度,扩大对处级领导班子年中考核、年度考核的覆盖面,做到每三年一次全覆盖。坚持干部谈心谈话制度,局党组成员每年对分管联系单位处级领导干部谈心谈话一轮,全方位了解干部,经常性"扯扯袖子、咬咬耳朵"。

6. 建立干部培养问责制度

将年轻干部培养工作作为年度述职考核的重要内容,对优秀年轻干部培养重视不够、措施不力、效果不佳的处级领导班子予以提醒、问责。

(二)优化人才管理思路,打造"气象人才智汇工程"

1. 加强对人才的政治领导

一是强化理想信念教育。认真开展"弘扬爱国奋斗精神、建功立业新时代"活动,定期举办高层次人

才政治理论培训班，引导各类人才在新时代自觉弘扬践行爱国奋斗精神，实现事业发展和人才发展有机结合、相互促进。二是加强人才工作的组织领导。进一步明确各级党组工作职责、措施任务，强化目标责任考核。人事、科技、计财等管理部门密切配合，建立人才工作定期协调机制，进一步构建整体联动、齐抓共管的人才工作格局。三是完善党组成员联系专家制度。深入推进局党组成员联系专家工作常态化、制度化，加强对人才的政治引领、政治吸纳。

2. 加大人才引进力度

一是优化人才结构。毕业生招聘、公务员招录坚持以大气科学类专业人员为主体，适度扩大气象相关专业进人规模，拓宽生源范围，同时从源头上优化人才专业结构。加大博士、海外知名院校硕士引进力度，进一步优化人才学历结构。二是改进人才招聘办法。加大招聘宣传力度，擦亮"老家河南"品牌，建立河南籍大气科学类专业本科以上学生信息库并积极联系。优化人才招录流程，提升人才招聘的质量和效率，为缺编单位及时补充人员。三是加大高层次紧缺人才引进力度。引进(培养)大气科学类博士研究生、事业发展紧缺人才，给予一定安家补助和科研启动经费。引进国内外气象或急需专业副高级以上职称人才，按照"一事一议、特事特办"原则确定相关待遇。四是打造"乡情引智"工程。加大柔性引才力度，建立豫籍专家库，通过兼职挂职、中短期学术交流、技术咨询指导等多种柔性引才方式，大力汇聚人才智力资源。

3. 创新人才培养办法

一是着力打造青年人才培优工程。设立培优基金，专项支持青年英才、骨干人才等培优对象学术交流。优先安排培优对象申报省局青年课题项目。二是实施高层次人才特支计划。设立高层次人才基金，根据高层次人才培养需要，专项支持其参加学术交流、出国访问等。选拔高层次人员担任省局重大项目总师，参与省局重大发展规划、改革方案编制，优先推荐申报省部级以上课题项目、人才工程。三是调整创新团队培育方式。更加重视组建创新团队的质量，建立竞争择优的组建方式、动态调整的管理方式。集中管理创新团队经费，加强创新团队考核，对考核良好以上等次的给予奖励。四是鼓励人才交流实训。出台优秀人才海外交流培养办法，加强人才国际交流合作。省局主要业务单位每年至少选派1名业务技术人员到中国气象局对口单位或广东、上海等先进省份交流学习。各省辖市局每年至少选派1～2名业务骨干到省局主要业务单位跟班实训。推动省局、省辖市局主要业务单位人员逐级下沉，到基层单位指导业务技术工作。新进毕业生参加工作2年内，应到上级部门实习锻炼不少于6个月。五是实行新进毕业生导师培养制度。为新进毕业生选聘业务导师和科研导师，发挥"传、帮、带"的作用，帮助其尽快适应环境，快速成长。六是实施基层人才强化专项。加强对县级综合气象业务技术带头人的选拔培养激励，用3年的时间实现所有县局均有1名综合业务技术带头人的目标。按照省、市、县三级专业技术人员的工作平台、技术特点，分类开展职称评审工作，进一步加大对基层人才的倾斜力度。

4. 加大创新激励力度

一是建立重要创新成果后激励机制。入选中国气象局"双百"及以上层次的人才，省局按照1∶1的比例奖励津补贴。获得省部级二等奖以上科技成果奖，在SCI一区、二区发表高水平论文，制订颁布国标的，省局给予一定奖励，着力激发优秀人才创新、创造活力。二是鼓励发展气象科技服务项目。利用自身资源为省局气象科技服务做出重要贡献，取得重大经济和社会效益的，省局按照实际创收资金规模，对主要贡献人、团队给予一定奖励。三是建立创新创业孵化机制。鼓励人才利用自有科技创新成果创业，开发本省气象部门以外的气象科技服务市场。省局在开办资金、工作场所给予支持，按照约定比例共享收益。需离岗的可按离岗创业政策办理。四是强化岗位聘用竞争机制。破除唯资历论的观念，建立比业绩、比能力、比贡献的竞争机制，充分激发专业技术人员干事创新的内生动力。

5. 进一步规范编外人员管理

吃透政策，强化措施，狠抓落实，严格管理，优化队伍，为气象事业发展增效减负，加快完善编外人员管理。一是纳入目标考核。制订各单位年度编外减员工作目标，用3～5年时间将编外人员削减到合理水平。同时将编外用工规范化管理纳入年度考核目标，各单位出现劳动纠纷造成不良影响的，单位及主要负责人年度考核不得评为优秀。二是严肃工作纪律。健全编外用工各项管理制度，严把新进编外用工入口关，今后各单位新使用编外人员一律通过劳务派遣方式，且必须事先征得人事处批复同意。三是开展定期检查。对发生违反编外用工管理规定的行为，根据违规性质、情节、后果和影响，追究有关单位和人员的责任。四是强化宣传引导。鼓励各单位在精简和规范管理编外人员的实践中创新，总结、凝练、推广好的做法。

江苏省气象部门基层党建工作调研报告

张榕　张芳　林军　韩冬　张永军　贾忆红　程娅蓓

（江苏省气象局）

一、引言

党的十八大以来，省局党组以习近平新时代中国特色社会主义思想为指导，深入学习贯彻党的十八、十九大精神，认真履行全面从严治党主体责任，把管党治党与中心工作同部署、同落实、同检查、同考核，推进全面从严治党责任体系向基层延伸，取得了一定的工作成效，但在组织体系建设上和基层党建工作中还存在一些差距和问题，在一定程度上制约和影响了全面从严治党不断向纵深发展。为了进一步加强全省气象部门基层党建工作，切实发挥党建工作成效，省局组成调研组，分别赴江苏海事局、四川省市县三级气象部门进行专题调研，并通过实地考察、座谈走访、督查组织生活、查阅台账、调查问卷等方式，对省内三级气象部门全面从严治党组织体系建设和基层党建工作情况进行了调查研究。

二、江苏省气象部门基层党建工作现状

（一）组织体系建设情况

党组织情况：截至 2017 年 12 月 31 日，全省气象部门共有党组 21 个，其中，省局 1 个，设区市局 13 个，县级局 7 个；机关党委 1 个；党总支 12 个；党支部 135 个，其中，省局 25 个，设区市局 46 个，县级局 64 个。

在职党务干部情况：截至 2018 年 5 月底，全省气象部门共有专职党务干部 12 人，其中，省局 4 人，设区市局 2 人，县级局 6 人；兼职党务干部 398 名，其中，省局 61 人，设区市局 151 人，县级局 186 人。

党员情况：截至 2017 年 12 月 31 日，全省气象部门共有党员 1931 人，其中，在编在职党员 1090 人，占党员总数的 56.4%，占在编在职职工总数的 69.6%；编外党员 178 人，占党员总数的 9.2%；离退休党员 663 人，占党员总数的 34.3%。

截至 2017 年 12 月 31 日，80%以上的党员和基层党组织分布在市、县两级气象部门，只有 10.6%的县级局成立了党组。

（二）基层党建工作情况

从调研情况看，全省气象部门基层党建工作总体做到了组织机构健全、党建工作制度完善、党员干部责任意识和能力素质明显提升，发挥了党支部的战斗堡垒作用和党员的先锋模范作用，基层党建工作为江苏气象改革发展、高质量发展提供了坚强的组织保证。

加强组织体系建设和政治建设。组织体系建设方面，省局和各设区市局都成立了党建工作领导小组及其办公室。政治建设方面，一是把政治建设摆在首位。坚定执行党的政治路线，严守党的政治纪律和政治规矩，坚决做到“两个维护”。二是严格落实民主集中制。省局和各设区市局都制订出台了党组工作规则，明确了议事程序和决策事项。三是严肃党内政治生活。严格执行《新形势下党内政治生活的若干准则》，认真组织开好民主生活会、组织生活会和民主评议党员工作。

加强党支部建设。全省气象部门各级党组织牢固树立“抓基层,打基础”的意识,大抓党支部建设。一是加强支部班子建设。支部书记大多由各单位一把手担任,并定期组织支部书记学习,提高履职能力。二是规范组织生活。严格落实“三会一课”、民主生活会、民主评议党员等基本组织生活制度,按时足额收缴党费,严格换届选举,实行党务公开。三是抓好党员队伍建设。营造党员发挥先锋模范作用的良好氛围,挖掘身边党员的先进事迹,树立先进典型,强化党员身份意识,激发党员自觉主动地发挥先锋模范作用。四是推进基层党建创新。将党建工作与文明单位创建、气象文化建设有力结合,经常性开展党员志愿服务活动,创建星级党支部,开展“微党课”“党员大家讲”等活动。

建立健全机制制度。注重制度建设,基层党建工作机制逐步完善。一是学习机制。按照建设“学习型”党组织的要求,健全和规范学习制度,通过自学、集中研讨交流、聘请专家辅导等形式,增强党员学习的主动性和针对性。二是工作机制。建立月例会制度,组织召开支部书记工作例会,研究讨论、安排部署基层党建工作,明确任务,职责到人,形成党组管党建、书记抓党建、一级抓一级、层层抓落实的领导机制和工作机制。三是帮扶激励机制。健全党内关怀帮扶机制,从思想、工作、生活上关心党员。保障广大党员的民主权利,维护党员的合法权益,完善激励机制,增强党组织的凝聚力和战斗力。

三、四川省气象局和江苏海事局先进经验和做法

四川省气象局在抓基层党建中,注重充实党建工作力量,明确党支部建设标准,印发党支部“六个一”规范化建设重点任务。在狠抓落实夯实基础中,把政治建设摆在首位,把思想建设抓紧抓牢,把作风建设抓严抓实,把纪律建设挺在前面,把制度建设贯穿始终,把专项工作抓出成效,把文明创建做出特色。在创新工作提升实效中,用规范化建设助推党建工作制度化,在印发的《四川省气象局基层党组织建设指导规范》里,对组织设置、班子建设、工作制度、台账管理、活动阵地建设、发展党员工作、党务公开等 17 项党务工作进行了全方位规范;研发使用“四川省气象局机关党建工作平台”,用党建工作平台助力党建工作科学化;印发“党员积分制管理”试点工作实施方案,用积分制管理保证党员教育管理细化量化。

江苏海事局在基层党组织建设上,抓住支部书记这个带头人,定下党建与业务“一肩挑”的新规矩,明确支部书记“双考核”标准,创立公开“述职+考评”模式,开展先选支部书记,再任命行政负责人的探索实践,破解了党建与业务融合不紧,党建业务两张皮的老大难问题。严抓基层组织生活,创新建立“321”支部组织生活模式,把 3 项最满意工作、2 项最困难工作和存在 1 个主要问题,列为党员在支部大会上汇报的必选动作,强化了党员干部组织意识和党性修养,充分发挥了基层组织生活在管党治建中的重要作用。

四、江苏省气象部门基层党建工作存在的主要问题

江苏省气象部门基层党建工作虽然取得了一定成效,但与高标准要求和先进单位相比还有一定差距,主要体现在以下四个方面。

(一)主动抓系统党建的意识不够强

2017 年,中国局党组、省局党组分别印发了“关于加强党建和党风廉政建设工作组织体系建设的意见”,明确要求要按照“条要加强、块不放松,条块结合、齐抓共管”的思路,深化以落实主体责任为核心、机关党建与系统党建一起抓、党建与党风廉政建设有机融合、主管部门与地方党委齐抓共管的全面从严治党工作格局。但是因为党组织关系是属地化管理,对抓系统党建还存在惯性思维,对系统党建“怎么抓、抓什么”的思路还不是很清晰,举措办法不多,一定程度上存在缺位现象。

(二)党建组织体系不健全

在领导机构方面,省局直属单位、县级局实行的是行政领导班子负责制,基层党组织政治引领力不够,存在重业务轻党建的情况。在工作机构和工作人员方面,直属单位和市县两级都存在"没有专门机构、没有专门人员"的问题,所以责任落地不细不实。

(三)基层党建标准化规范化不够

有的支部党员人数少,党支部委员会不健全,党的基层领导弱化;有的支部未按要求设置党小组,党小组政治理论学习作用发挥不明显;党的组织生活不规范,"三会一课"政治功能发挥不充分,有的组织生活会没有聚焦主题。

(四)党务干部队伍建设亟须加强

省局党建工作力量比较薄弱,忙于应付,疏于管理和指导督查;市、县两级则普遍没有专门机构和专职人员。现有党务干部基本由业务或行政管理人员转任,缺乏专业基础、缺少系统培训、工作经验不足。

五、建议和措施

针对全省气象部门基层党建组织结构不够健全、体制机制不够完善、职责任务不够明确、人员力量比较薄弱、基层党组织建设仍有薄弱环节等与新形势新任务不相适应的问题,建议和措施如下。

(一)创新基层党建工作格局

进一步落实好《关于加强行业系统基层党建工作的意见》(中组发〔2012〕21 号),正确处理好条块关系,加强全面从严治党纵向延伸、横向融入,做到纵向到底、横向到边。在"块"方面,积极寻求与地方工委契合点,建立沟通协调机制,自觉接受其对党建工作的领导、指导和监督。在"条"方面,强化业务、干部等垂直管理的作用,加强省、市两级党建领导小组和党建办的作用,强化职能、明确工作规则,加强对下指导、督导、检查,形成长效机制。加强横向和纵向交流联系,推动组织联动、党员联管、活动联抓、资源联用,做到部门垂直管理与党组织关系属地管理有机融合、党建工作与气象业务工作深度融合。

(二)充分发挥党建办职能作用

切实增强"管系统必须抓党建"的意识,以提升组织力为重点,突出政治建设,以党建标准化、规范化、信息化为工作抓手,发挥党建办在抓系统党建中整合力量、统筹规划、组织协调、监督落实的作用,把基层党建工作抓紧抓实。制订全省气象部门年度党建工作要点,部署全年系统党建工作任务。印发《关于进一步加强和改进基层党组织建设的意见》(苏气党发〔2018〕29 号),明确基层党建的总体要求、工作目标、主要任务,逐步形成省局党组主抓市局、延伸带县局,实施下抓两级、逐级延伸的党建工作责任体系。加强对全省气象部门党建工作的督查检查和指导推动,逐步形成"党组统筹领导、党建办组织实施、党支部具体落实、党务干部发挥作用"的党建工作格局。

(三)加强基层党建工作组织体系建设

印发《关于加强全省气象部门党建和党风廉政建设工作组织体系建设的意见》(苏气党发〔2018〕25 号),明确省、市、县三级气象部门党建工作机构、人员编制、岗位职责,并压紧压实工作责任。一是强化基层党建工作部门。省、市气象局成立党建工作领导小组及其办公室。党建工作领导小组组长由省、市气象局党组书记担任。省气象局党建办设在机关党委办公室,市气象局党建办的工作职责与纪检组统筹安排。二是充实基层党建工作力量。在不超机构、不超编制、不超职数的前提下,在省气象局机关内部调剂2名参公编制增加至机关党委办公室和纪检组;市气象局调剂参公编制或统筹使用事业编制,落实2名编制,专职从事党建和党风廉政建设工作,并且可以按照科级干部进行配备。加快推进县气象局党组设立工作,将县气象局党组书记作为第一责任人切实承担起抓党建的职责。在健全党支部的同时,要求各支部至少有1名专兼职党务干部。三是压紧压实基层党建工作责任。选优配强党支部书记,党支部书记原则上由单位和部门的主要负责人担任。通过行政主要负责人与党支部书记"一肩挑",进一步明确基层党建工作责任,有效解决行政业务和党务工作"各管各""两张皮"的问题。省局直属单位明确1名符合条件的领导班子成员分管纪检监察工作,协助主要负责人落实党建和党风廉政建设工作责任。县气象局党组设立的同时,成立党组纪检组,由1名党组成员兼任党组纪检组组长。暂不具备党组设立条件的县气象局,明确1名符合条件的领导班子成员分管纪检监察工作,协助主要负责人落实党建和党风廉政建设工作责任。

(四)推进党支部标准化规范化信息化建设

对标《中国共产党支部工作条例(试行)》要求,印发《江苏气象局党支部标准化规范化信息化建设实施细则》(气机党发〔2018〕16号),以提升组织力为重点,突出政治功能,坚持服务中心、建设队伍,从党支部的组织设置、基本任务、工作机制、组织生活、班子建设、工作制度、活动阵地建设、党员发展、党费收缴使用管理、考评考核等十个方面做出制度规定。坚持党支部建设标准化、规范化,逐步推行和实现全省气象部门基层党组织建设工作信息化管理。在全省气象部门基层党组织中广泛开展有特色、有亮点、有实效的党建品牌创建活动,力争在每个设区市气象局创建一个党建工作品牌,形成示范和带动效应。重新整编现有党支部,健全支部委员会,党员人数在15人以上的党支部,成立党小组,更好地发挥党支部的政治功能和党小组在政治理论学习中的作用。

(五)加强基层党组织带头人队伍建设

坚持选优配强支部书记,明确要求支部书记原则上由单位和部门的主要负责人担任。不断加大党务培训力度,增强党务干部履职能力,实现全省气象部门党务干部培训三年一轮全覆盖。切实把基层党务工作岗位作为党员领导干部政治历练的重要平台,优秀年轻干部成长锻炼的必经渠道。

(六)健全考评考核机制

健全落实基层党建工作责任制,明确责任主体,强化工作措施,加大考核权重。通过全面检查、经常性督查、随机抽查等方式,综合运用自我评估、群众评议、社会评价和上级党组织考评等方法,加大对基层党建工作考核力度,注重党建工作的成果转化。把全面从严治党工作纳入领导班子考核内容,强化考核结果的应用,传导压力,传递责任,从制度上保障基层党建工作。

防雷减灾体制改革后安徽省基层气象部门运行经费保障情况的调研报告

包正擎　罗爱文　管国双　江大纯　臧懿

（安徽省气象局）

2015 年防雷减灾体制改革实施以来，安徽省气象部门主动适应国家“放管服”改革要求，精简行政审批，取消审批关联中介服务收费，得到各级政府和社会充分认可。但与此同时，气象部门原先主要依靠防雷中介服务收入弥补和支撑气象事业发展的经费渠道被“封堵”，特别在市县基层气象部门，经费保障转型压力陡增。为进一步了解基层实际，省局组成专题调研组，调研基层运行经费保障问题。调研组向 16 个市局和所属县局下发了问卷与表格调查表，并调阅了各市县气象局年度决算数字，对各市县局 2015—2017 年度运行经费情况进行了认真的汇总、梳理与分析。调研组还于 2018 年 7 月 31 日—8 月 1 日，赴合肥、马鞍山、芜湖市局，8 月 3 日赴池州市局进行了现场调研，以期准确把握基层实际，理清思路，为优化经费保障机制建言献策。

一、防雷减灾体制改革对基层气象部门影响分析

（一）工作职能发生重大转变

防雷减灾体制改革前，作为支撑气象事业发展的重要经费来源，防雷技术服务作为主要的工作受到各级气象部门的重视，发展势头迅猛，各单位还聘用了不少编制外工作人员，以缓解人员紧缺的矛盾，到 2014 年防雷技术服务收入占全省气象科技服务总收入的 70%以上，有力支持了气象现代化的推进，有效弥补了全省气象部门人员经费缺口、业务服务运行维持缺口和基层气象台站基础设施建设缺口。防雷减灾体制改革后，安徽省气象部门主动适应改革，全部取消了中介服务收费，防雷技术服务不再与审批关联，充分市场化。2016 年，安徽省局还结合防雷减灾体制改革和业务服务需求，对市级气象部门事业机构编制方案进行了统一的调整，在原有防雷中心的基础上成立了市级气象灾害防御技术中心，强化了防雷减灾工作的公益属性，包括防雷减灾行政审批、事中事后监管和气象灾害隐患督查整治的技术支撑；雷电灾害风险普查和重大规划项目的气象灾害风险评估等职能。由原来单一以技术服务收费开展工作向综合防灾减灾、强化技术支撑等方面转变。气象部门将更多的工作精力投入到加强安全监管与提供防雷公共服务上来。

（二）经费保障压力逐渐显现

在防雷减灾体制改革取得良好成效的同时，基层气象部门原先过于依赖防雷科技服务收入弥补事业发展经费不足的保障模式受到了巨大的冲击，一方面科技服务收入受防雷中介服务取消的影响大幅下滑，另一方面气象部门在强化监管、创新服务等方面开展了大量新工作，随之带来新的支出，一减一增，加上长期以来一直困扰安徽省气象部门应享受的同城待遇等人员经费缺口问题，基层气象部门经费保障压力逐渐显现，在部分县级气象部门已出现“入不敷出”的状况。加上原来基层台站争取地方财政资金困难，争取支持力度不够，把更多精力放在了发展防雷技术服务上，在财政事权与支出责任划分、双重财务体制有效落实等方面做的基础工作还不够充分，导致财政资金难以一步到位。正是由于气象部

门过于依赖科技服务收入的支撑，一旦防雷技术服务收入陡减，加上财政保障不到位，气象部门防雷改革后遇到的收支矛盾凸显，基本支出的经费保障问题成为制约基层气象部门发展的突出问题。

二、基层气象部门运行经费保障情况分析

（一）基本支出经费保障情况分析

多年以来，气象部门经费构成主要由中央财政资金、地方财政资金、部门科技服务收入资金3块构成，本次调研重点选取了2015—2017年度，与市县气象部门日常运行紧密相关的基本支出情况加以研究，主要反映基层气象部门除项目建设等一次性建设经费外，单位日常运行经费保障状况。

从汇总数据看，防雷减灾体制改革以来，市县气象部门主动顺应改革，优化经费保障，通过积极争取中央、地方财政支持，基本支出的财政保障比例逐年提高，市级由66.21%提高到72.55%，县级由65.62%提高到84.97%；这其中，人员经费的财政保障比例提高更快，市级由60.82%提高到75.85%，县级由64.32%提高到88.02%，体现了市县气象部门在加大财政资金对基本运行支出，特别是人员经费保障方面做出的努力，尽力将防雷改革过渡期内由于防雷中介服务收入减少对于单位运行，特别是单位稳定的影响减少到最小。

但是，也应清楚看到，基层气象部门实际运行经费支出是大于中央和地方财政拨款的，自有科技服务收入弥补支出差额部分仍占据相当比例。由于地方财政投入、自身科技服务发展存在差异，所以，不同单位的经费保障压力也呈现较大的差异性。

（二）争取地方财政支持的做法

在国家“放管服”改革、事业单位改革、财税体制改革等大背景下，全省各级气象部门转变观念，积极转型，将经费保障的重心回到争取各类财政资金保障上来，逐步将原先依靠科技服务收入资金保障的合理支出改由财政资金保障，同时，进一步规范各类财政资金使用，提高绩效。

1. 加大财政预算对人员经费等基本支出保障力度

省气象局与省财政厅联合印发了《安徽省财政厅 安徽省气象局关于进一步落实气象事业双重计划财务体制的通知》（财农〔2015〕1151号），要求全省各级财政完善和落实双重财务体制，加大气象现代化建设投入，对中央编制事业人员绩效工资缺口予以保障。全省各级气象部门以此为依托，积极与各级财政部门协调，以解决事业单位人员绩效工资缺口为重点，努力将此项经费纳入各级财政预算，有效解决了人员工资经费缺口问题。同时，部分市县还积极协调，将气象现代化、人工影响天气、基层台站基础设施、气象监测预报、气象预警及信息发布、气象综合信息服务站、气象为农服务等业务建设和业务运行正常维持经费纳入本级财政年度预算，实施常态化保障。

2. 拓展政府购买服务对维持类经费支持力度

按照“养事不养人”的原则，政府购买服务已在公共服务领域广泛应用，气象部门作为一个以服务为主的部门，在各类专项工作开展中，积极运用此种形式，增加财政对业务维持类经费的投入。2017年3月，省财政厅、省气象局联合印发《安徽省气象局政府购买服务指导性目录》（财农〔2017〕301号），全省各级气象部门以此为基础，结合各地服务实际，在气象灾害信息传播、监测设备维护、突发事件预警发布系统维持、防雷安全监管、公益性防雷检测、气象为农服务、气象科普宣传、人工影响天气作业及设备维护、编外人员工资等方面广泛建立起购买服务机制，为日常工作的开展提供了有力的维持类经费支持。

目前，政府购买服务已成为基层气象部门争取工作维持类经费的重要手段，从对2018年已列入各市县政府购买服务事项的统计看，地方政府对于防雷安全监管及技术服务、气象信息传播、气象设备维护3项工作的支持率较高，充分反映了地方政府对其工作效益的认可。

3. 强化政府对于气象事业的领导与支持

一是加强政策争取。按照气象法关于气象部门双重领导管理体制和相应的计划财务渠道的有关要求，积极向省政府争取相关政策，先后与发改委联合下发《关于加快推进安徽气象事业重点项目的通知》，与省财政厅联合下发《关于进一步落实气象事业双重计划财务体制的通知》(财农〔2015〕1151号)，对推动和规范全省双重计划财务体制的落实起到积极的作用。二是强化绩效管理与目标考核。根据《安徽省人民政府办公厅关于做好省政府目标管理绩效考核工作的通知》要求，省局制订了对各市政府的《设区市气象防灾减灾工作绩效考核实施方案》，对各市政府年度气象防灾减灾工作任务完成情况进行考核，其中将双重计划财务体制的落实作为一项重要内容，有力地推动了地方气象事业的发展。制订年度具体目标，对市县气象局双重计划财务体制的落实情况进行详细考核。

(三)存在问题分析

1. 财政事权与支出责任划分滞后

随着预算法规制度体系的不断完善，气象部门长期以来实行的双重财务体制受到较大冲击，气象部门产生的各类支出，哪些属于中央事权支出，哪些属于地方事权支出，尚无明确的界定，这就给各级气象部门在争取财政支持时带来政策瓶颈，特别在人员经费方面，由于气象部门工作人员属于中央编制，而同城待遇等属地方出台政策，这就造成在实际争取经费时，往往形成两不靠的“夹心层”现象。同时，在一些新拓展领域业务(如：防灾减灾、安全监管、预警信息发布等)开展时，由于其事权划分滞后，导致经费来源模糊，给争取经费支持带来一定困难。

2. 地方财政投入不平衡

受所在地财力水平、政府管理理念等影响，地方财政尚对气象部门稳定的投入机制尚未有效建立，财政支持还存在较大的不确定性和不平衡性。一是地域差异存在不平衡。从安徽省情况看，各市县局基本支出的财政保障率差异较大，落实好的地方可达100%，落实不好的则不足50%。二是经费安排结构不平衡。地方财政对于项目经费的投入较多，而对于一般性、常规性预算经费安排有限，造成一方面专项经费支出进度缓慢，另一方面维持类经费又难以满足现实工作需求。

3. 防雷技术服务弱化

在财政资金未能全额保障的现实情况下，科技服务收入对事业的反哺作用仍需维持。但在防雷改革后，以往依靠行政审批关联中介服务的旧模式已一去不复返，防雷技术服务完全实行市场化，各方面竞争(营销、资本、技术等)不断加大，加之政府对涉企收费管理日趋严格，基层气象部门在开展防雷技术服务时束缚较多，面对新形势，气象部门原有防雷技术服务工作有弱化的倾向，造成反哺事业发展的科技服务资金供应不足。

三、优化基层经费保障机制相关建议

(一)加快中央与地方财政事权与支出责任划分

按照预算法治化方向，尽快就气象部门中央与地方事权与支出责任进行科学划分。由于在此划分工作中，中央财政具有决定权限，建议中国气象局加快与财政部沟通，强化气象部门中央垂管部门属性，将人员经费、公用经费等基本支出确定为中央事权，加大中央财政保障力度；对于执行地方属地奖励等同城待遇政策，由于各地差异较大，在中央未统一规范前，可暂列为地方事权，由地方财政予以保障。基础设施建设、业务装备体系建设等可确定为中央与地方共有事权，根据其服务性质，合理划分投资比例。而对于人影、防雷、为农服务、专业专项服务等直接服务于地方的工作则适宜全部划分为地方事权，体现服务属地化的特征。

(二)优化与加强政府购买服务体系建设

在国家财政供养人员“只减不增”的大背景下，对各类由政府部门提供的服务采取政府购买服务方式提供，实现“养事不养人”，已成为各级政府的共识。气象部门作为一个以服务为主的部门，在此领域的努力已初见成效，各市县均建立起此类支持，但还需进一步提升法治化、体系化水平。一是要科学梳理适宜采取购买服务方式提供的事项（既要扩大购买范围，也不能将部门本身职责一“买”、一“卖”了之），纳入政府购买服务目录，为争取资金提供政策支撑；二是要苦练内功，不断提升部门所属企事业单位业务服务水平，优化机构配置与协同，合法合规的参与购买服务的竞争（政府购买服务将从单一来源采购逐步转变为竞争性采购），以高效优质的服务赢取政府和社会的认可，从而获取财政资金的青睐。

(三)依法依规发展防雷技术服务

由于方方面面的原因，财政资金短时期内难以完全保障气象事业发展需求，因此，还需大力发展气象科技服务，特别是防雷技术服务。改革后，不是不能发展防雷技术服务，而是要依法依规，转变发展方式，改变以往服务与审批挂钩的旧模式，积极探索防雷专业气象服务发展的新路子。结合安徽省实际，在开展原有市场化防雷工程和检测服务的基础上，发挥部门优势，积极参与政府购买防雷相关公共服务的竞争。面向社会需求和政府公共服务要求，谋划“十四五”气象事业发展战略的重大项目建设，把农村防雷减灾综合治理工程作为重要的方面加以研究和设计，围绕乡村振兴战略、扶贫攻坚战和综合防灾减灾的要求，在提高自身防雷业务服务水平的同时，开展面向农村的防雷工程性设施建设，为保障人民生命财产安全发挥应有的贡献。